Saggi

CARLO ROVELLI

Lo sapevo, qui, sopra il fiume Hao

Articoli per i giornali

SOLFERINO

SOLFERINO

www.solferinolibri.it

ISBN 978-88-282-1331-4
Prima edizione: novembre 2023

Lo sapevo, qui,
sopra il fiume Hao

Indice

Zhuangzi, la conoscenza dei pesci	11
Buon Primo Maggio	17
Tutto cominciò nel mare di Lesbo	21
Anish Kapoor e il nostro sonnambulismo	27
La musica	
Dialogo con Erik Battaglia	31
Tianxia. Sotto un unico cielo	39
Noi contro loro	45
Ipocrisia	49
Hong Kong, diario di viaggio	59
Gli altri afghani	65
L'idea della legalità internazionale	71
Una proposta semplice per l'umanità	77
Il Sogno di Keplero	81
Una parte di una parte: Ernst Mach	87
Gli errori di Galileo	93

Roger Penrose 99
Giorgio Parisi 101
Roberto Calasso 103
Gino Strada 107
Liliana Cavani 111
Brunetto Latini, Dante, Gauss e Einstein 115
L'esserci dell'ente 121
Quanto dista il sole? 129
Cos'è una pietra?
Dialogo con Aurélien Barrau e Jean-Luc Nancy 135
Un tesoretto per i giovani 145
Ci si salva solo insieme 151
Siamo fragili 157
Ciarlatani 161
La ricchezza si è spostata 165
America e Italia, diseguaglianza e ricchezza 171
La relatività generale, grande amore 175
Entanglement 179
Entusiasmi e dubbi per un muone 185
Il senso della scienza pura 191
Guardare fuori dal nostro oblò:
il telescopio James Webb 197
Il dolore 199
Sentinella, a che punto è la notte? 209
Zhuangzi, la conoscenza dei pesci, ripresa 217

Opere citate 221

Zhuangzi, la conoscenza dei pesci

«La Lettura» del «Corriere della Sera», 24 ottobre 2021.

Zhuangzi e Hui Shi passeggiavano sul ponte sopra il fiume Hao. Zhuangzi osservò: «Quei pesciolini che si aggirano tranquilli e senza fretta, sono pesci felici!». Al che, Hui Shi obiettò: «Tu non sei un pesce; come fai a sapere come sta un pesce?». Zhuangzi rispose: «Tu non sei me, come fai a sapere cosa so io di come sta un pesce?». Ma Hui Shi insistette: «Non sono te, ovviamente non so di te; ma tu non sei un pesce e questo è abbastanza per dedurre che non sai cosa piace a un pesce». Ma Zhuangzi concluse: «Torniamo al punto di partenza. Quando hai detto "come fai a sapere come sta un pesce?", tu lo sapevi che lo sapevo. Lo sapevo, qui, sopra il fiume Hao».

Questo dialogo delizioso è un passaggio celebre di uno dei grandi testi dell'umanità: lo *Zhuangzi*, una collezione disuguale di scritti e detti attribuiti al «Maestro Zhuang», Zhuangzi appunto – o Chuang-tzu – figura centrale della filosofia del taoismo, vissuto nel IV secolo prima dell'era moderna, in uno dei periodi più fecondi del pensiero classico cinese.

È un libro unico: storielle e riflessioni vertiginose, divertenti e disorientanti, uno stile brillante e scapestrato, che sconcerta e mette alla prova il pensiero con sottigliezza e allegria. Pieno di ironia, paradossi e provocazione. Lontano dallo stile parruccone e moralista della scuola confuciana, quanto dalla freddezza dei testi della scuola moista della filosofia classica cinese.

La filosofia di Zhuangzi non è facile da incasellare perché è sfuggente. È una specie di naturalismo, che insiste sulla relatività dei giudizi, con una forte connotazione scettica talvolta radicale («Una volta, Zhuangzi sognò di essere una farfalla che svolazzava felice e non sapeva nulla di Zhuangzi. Al risveglio, si chiese se era Zhuangzi e aveva sognato di essere una farfalla, oppure se era una farfalla che stava sognando di essere Zhuangzi»). La forza del testo è nella capacità di mettere in dubbio ciò che appare ovvio, ribaltare punti di vista e aprire prospettive.

Nei secoli successivi, quando il buddhismo arrivò in Cina e poi in Giappone, l'influenza di Zhuangzi è stata considerevole sulla nascita delle versioni del buddhismo Chan cinese e Zen giapponese. Ma lo Zhuangzi è comunque sempre rimasto un testo amato dall'intero mondo intellettuale cinese.

Veniamo ai pesci. L'osservazione che apre il dialogo sembra innocua: Zhuangzi osserva che i pesci si aggirano felici nel fiume. Ma l'obiezione di Hui Shi la ribalta: come fa Zhuangzi a sapere che i pesci sono felici? Non è mica un pesce.

Sembra convincente. È più che un'osservazione banale. Nel campo dell'etologia, lo studio del comportamento animale, è normale che uno studente si senta mettere in guardia da una facile lettura antropomorfa dei comportamenti animali. Cosa ne sappiamo di cosa prova, che so, un pipistrello?

La questione va tuttavia più a fondo, oltre lo studio degli animali. Uno degli articoli più famosi nel campo della filosofia della coscienza si intitola *Cosa si prova ad essere un pipistrello?* L'autore, Thomas Nagel, sostiene che la prospettiva soggettiva (di un pipistrello, un pesce, un essere umano) sia inaccessibile dall'esterno, ed è questo fatto a rendere insolubile il problema della relazione fra mente e corpo. La natura della coscienza e la possibilità di comprenderla in termini naturalistici è uno dei dibattiti più attuali e vivaci nella cultura contemporanea.

Fin qui, dunque, Zhuangzi sintetizza mirabilmente una questione che oltre due millenni dopo stiamo ancora dibattendo.

Ma il passaggio successivo, funambolico e geniale, è sconcertante. Con assoluto candore Zhuangzi obietta: «Tu non sei me, come fai a sapere cosa so io di come sta un pesce?».

Di primo acchito, si resta senza parole. Poi si comincia a riflettere. Ci sono tre possibilità: o Hui Shi ha effettivamente modo di sapere cosa c'è nella testa di Zhuangzi, ma allora allo stesso modo perché Zhuangzi non può sapere che i pesci si stanno divertendo? Oppure Zhuangzi non può sapere che i pesci si stanno divertendo, ma allo stesso modo Hui Shi non ha modo di sapere cosa c'è nella testa di Zhuangzi; ma se è così non può neanche sapere che Zhuangzi non sa come si sentono i pesci. O, infine, c'è una differenza fra i due casi, che permette a Hui Shi di sapere cosa c'è nella testa di Zhuangzi, ma non permette a Zhuangzi di sapere come si sentono i pesci.

La terza alternativa, a pensarci, è semplicistica e non tiene. Certo, gli esseri umani parlano e i pesci no, ma noi comprendiamo gli esseri umani anche dai comportamenti, non solo quando parlano. Certo, c'è più somiglianza fra Hui Shi e Zhuangzi che non fra Zhuangzi e un pesce. Ma è questione di grado. Non c'è vera differenza fra comprendere che un bimbo è triste e comprendere che un gattino è triste. L'argomento secondo il quale non possiamo leggere i comportamenti animali in termini delle nostre emozioni, in realtà, non regge. E infatti l'etologia lo ha in parte superato negli ultimi decenni, per esempio nelle straordinarie ricerche sui grandi primati, gorilla, scimpanzé e oranghi, ottenuti da donne come Jane Goodall, Dian Fossey e Biruté Galdikas.

Restano quindi le due possibilità radicali. La prima è una versione estrema dell'argomento di Nagel: la mente è inaccessibile dall'esterno. Hui Shi sembra andare in questa direzione: concede di non sapere cosa ci sia nella testa di Zhuangzi, e quindi può insistere che Zhuangzi non può sapere come stanno i pesci. Ha vinto, al caro prezzo di una generale incomunicabilità.

Niente affatto; l'ultimo commento di Zhuangzi («Torniamo al punto di partenza. Quando hai detto "come fai a sapere come sta un pesce?", tu lo sapevi che lo sapevo. Lo sapevo, qui, sopra il fiume Hao») è straordinario: fa notare a Hui Shi che la sua domanda *presupponeva* che Zhuangzi avesse un certo pensiero. Zhuangzi sposta la questione dalla correttezza del suo pensiero sui pesci, al fatto semplice di avere questo pensiero. Uno scarto vertiginoso. Sposta l'attenzione dal contenuto del discorso al discorso in sé stesso come oggetto di conoscenza. L'intero dialogo, fa notare Zhuangzi, *presuppone* che Hui Shi possa parlare della conoscenza di Zhuangzi, ma questa stessa conoscenza è come la felicità dei pesci: o è accessibile dall'esterno o no.

Dove vuole arrivare Zhuangzi con tutto ciò? All'idea di una totale incomunicabilità? Tutt'altro, mi sembra: mostra che Hui Shi cavilla, come cavilla Nagel.

La conoscenza, la mente, la felicità che sentono i pesci, non sono fuori dalla natura, nell'inaccessibile dominio dell'insondabile. Sono normali aspetti della natura, nomi che diamo a complesse configurazioni naturali, di cui noi siamo parte. Il nostro parlarne, la nostra conoscenza, sono aspetti di questa stessa natura. Zhuangzi demolisce la questione dell'impossibilità di conoscere altre menti e riporta il tutto nell'ambito del discorso comune.

La conoscenza non è qualcosa che sta fuori dalla natura: è essa stessa parte del mondo naturale.

Hui Shi può magari obiettare che Zhuangzi si sbaglia perché è poco esperto di pesci, che magari non è vero che i pesci sono felici, ma non può più obiettare che la questione è insolubile: perché se lo fa mina la sua stessa obiezione!

È la più acuta obiezione a ogni forma di dualismo che ho mai incontrato. E insieme all'intera formulazione del problema della conoscenza in termini di radicale distinzione fra soggetto e oggetto. Formulata più di due millenni fa.

Buon Primo Maggio

1 maggio 2023, intervento al concerto del Primo Maggio.

Che notte di sogno. Che emozione essere su questo palco in mezzo a voi.

Non temete, non è una lezione di scienza che voglio fare. In realtà ogni volta che provo a dire qualcosa di politica, qualcosa che riguarda l'interesse di tutti noi, c'è qualcuno subito che mi grida: «Taci Rovelli, occupati della tua scienza, lascia perdere la politica!». Ma proprio di questo voglio parlarvi.

Vedete, il mondo è meraviglioso. Questa piazza è meravigliosa, la musica è meravigliosa, innamorarsi è meraviglioso. Ma non è tutto meraviglioso. Ci sono anche problemi gravi, e se c'è qualcuno che può affrontarli, siete voi, insieme.

C'è una catastrofe ecologica che sta arrivando – ormai lo sappiamo tutti. Rischia di rovinare le vostre vite. Non facciamo il necessario, perché fare qualcosa dà fastidio a qualcuno. Per grettezza, o miopia.

Vedete, la ricchezza si è concentrata nelle mani di un numero piccolissimo di persone e di grandi imprese, e la disuguaglianza economica continua a crescere. La paghiamo tutti.

Ma soprattutto – e questa è la cosa più importante che voglio dirvi – sta crescendo la guerra. Stiamo andando dritti verso la terza guerra mondiale. E questo è il rischio più grave per la vostra vita.

Invece di collaborare, cercare soluzioni, i Paesi si aizzano uno contro l'altro, si provocano, si sfidano come galletti in un pollaio. Invadono altri Paesi, soffiano sul fuoco della guerra, mandano portaerei a sfidarsi. La tensione internazionale non è stata così alta da molto tempo.

Spendiamo due bilioni e mezzo di euro all'anno in spese militari, una cifra inimmaginabile. Più del doppio di quindici anni fa. E continuiamo ad aumentare. Impennate di spese militari così preludono alla guerra.

Invece di usare le risorse che abbiamo per fare ospedali, scuole, musica, lavoro, le cose buone del mondo, le usiamo per fare armi e ammazzarci l'un l'altro. Si può essere più stupidi?

E perché? Per quella che su questo palco poco fa Ligabue ha chiamato la smania del potere. Invece di dialogare, cercare soluzioni, i potenti del mondo vogliono essere ciascuno i più potenti di tutti. Magari predicano la democrazia, ma poi vogliono comandare su tutti, alla faccia della democrazia. Oppure, come da noi in Italia, cercano di essere fedeli vassalli dei padroni del mondo, sperando in qualche beneficio a corto termine. Ancora miopia.

Ma la guerra si fa anche per motivi più banali: perché costruire armi è un affare terribilmente lucroso. E nel fiume di denaro che producono le industrie di armi, le industrie della morte, ci sguazza la politica.

Io mi chiedo: è ragionevole che, in Italia, il ministro della Difesa sia stato per anni legato a una delle più grandi fabbriche di armi del mondo, la Leonardo? Sia stato presidente della Federazione dei costruttori di armi (l'AIAD)? Il ministero della Difesa serve per difenderci dalla guerra, o per aiutare i piazzisti di strumenti di morte?

Tutti dicono «pace», ma poi molti aggiungono che prima bisogna vincere. Volere la pace, ma dopo la vittoria, significa volere la guerra, ovviamente.

Vediamo orrori commessi dal nemico, veri. E gli orrori che fanno le nostre armi? Le migliaia di bombe che noi produciamo e mandiamo nei diversi teatri di guerra, devastano e ammazzano come le altre. Creano dolore come le altre.

E ricordatevi: ci sono decine di migliaia di bombe nucleari pronte a esplodere, puntate sulle teste di tutti, da una parte e dall'altra e non siamo mai stati così vicino a una catastrofe nucleare come adesso. È follia.

In questa situazione, il governo italiano sta decidendo ora di mandare una portaerei italiana con una intera flotta nel mare della Cina. Per fare i galletti contro la Cina, al seguito degli americani. Queste sono scelte che rischiano di distruggere le vostre vite, ragazzi.

Non è questo il mondo che ci piace, ragazzi.

Ma il mondo, ragazze, ragazzi, non è dei signori della guerra. Il mondo è vostro. Voi siete il mondo futuro, non i signori della guerra. Perché voi siete tanti, tantissimi. Qui, a Roma, come a Pechino, a San Francisco, a Rio o a Islamabad. Il pianeta è vostro.

E il pianeta voi potete cambiarlo. Non da soli, ma insieme sì. Potete fermare la distruzione del pianeta. Ribaltare la disparità economica. Fermare i signori della guerra.

Costruire un mondo dove lavoriamo insieme a risolvere i problemi comuni, invece di essere uno contro l'altro.

Le cose che amiamo del nostro mondo sono state costruite nel passato da giovani che hanno saputo sognare un mondo migliore. Anche a costo di rovesciare tutto, qualche volta. Attaccare la Bastiglia, bruciare il Palazzo d'inverno.

Se qualcuno vi dice – come dicono a me – non occuparti di politica, pensa solo a te stesso: be', è grettezza, miopia.

Allora, questo vorrei dirvi: non vivete di insoddisfazione, di sogni irrealizzati, di lamento, di inquietudine per un futuro che dipende da altri. Prendetelo in mano il vostro futuro, insieme, non uno contro l'altro.

Cambiare il mondo è la più bella delle avventure. La vita è bella quando splende e brucia. («Niente splende se non brucia» – è il titolo delle note che suonavano quando ho iniziato a parlare.)

Chi sa parlare parli, chi sa suonare suoni, chi ha idee le dica, chi sa scrivere scriva, chi sa organizzare organizzi, chi sa fare di più, faccia di più.

I signori della guerra non hanno paura ad ammazzare migliaia di esseri umani. Voi non abbiate paura a imbrattare i muri. L'Italia l'ha fatta Garibaldi che tutti i benpensanti chiamavano «terrorista»; poi gli hanno fatto le statue.

Prendete il futuro nelle vostre mani. Non lasciatelo ai signori della guerra. Cambiatelo, questo mondo di guerra, ragazzi.

Buon Primo Maggio.

Tutto cominciò nel mare di Lesbo

«La Lettura» del «Corriere della Sera», 20 febbraio 2022.

C'è un'isola magica, nella parte nordorientale dell'Egeo, dove sono nate due delle più preziose creazioni dell'umanità, quasi all'opposto l'una dell'altra, fra i modi in cui pensiamo la realtà: la poesia lirica e la scienza osservativa.

La principale cittadina di quest'isola è Mitilene e l'isola, ovviamente, è Lesbo, la terra da cui deriva la parola per indicare le donne che amano donne.

A Lesbo è vissuta, ha amato, ha scritto, una delle donne più straordinarie dell'umanità. «Coronata di viole, divina / dolce ridente Saffo» si rivolge a lei il poeta Alceo. Il mondo antico l'ha adorata, la chiamava la «decima musa». Della sua vasta produzione poetica non ci restano ahimè che frammenti. Ma questi frammenti brillano di una luce così abbagliante da lasciarci senza fiato. Ecco l'amore, la passione, la gelosia (nella traduzione di Salvatore Quasimodo):

A me pare uguale agli dèi
chi a te vicino così dolce

suono ascolta mentre tu parli
e ridi amorosamente. Subito a me
il cuore si agita nel petto
solo che appena ti veda, e la voce
si perde sulla lingua inerte.
Un fuoco sottile affiora rapido alla pelle,
e ho buio negli occhi e il rombo
del sangue alle orecchie.
E tutta in sudore e tremante
come erba patita scoloro:
e morte non pare lontana
a me rapita di mente.

Siamo fra il VII e il VI secolo prima della nostra era e solo da poco è stato inventato l'alfabeto greco, derivandolo dal fenicio. È il primo alfabeto realmente fonetico, e permette che l'alfabetizzazione esca dall'appannaggio riservato a pochi scribi specializzati, e raggiunga consistenti strati sociali. Forse Saffo è un prodotto dell'esplosione di arte e idee che ne segue a breve.

La grande poesia esisteva certo da molto tempo, i versi dell'*Iliade* e dell'*Odissea* risuonavano probabilmente da secoli e lo splendido poema mesopotamico di *Gilgamesh* da più di un millennio. Ma la poesia lirica, il canto diretto e immediato di un'anima, nasce, per quanto ne sappiamo, solo in questo periodo, e subito raggiunge vette forse mai più raggiunte. Alceo, contemporaneo di Saffo, è anch'egli di Lesbo, e la sua lirica ne è degna:

Già sulle rive dello Xanto ritornano i cavalli,
gli uccelli di palude scendono dal cielo,

dalle cime dei monti si libera azzurra fredda l'acqua e la vite
fiorisce e la verde canna spunta.
Già nelle valli risuonano
canti di primavera.

Me li immagino, Saffo e Alceo, dire i versi l'uno dell'altro, guardarsi negli occhi, e sentire cantare il loro cuore.

In questa stessa piccola isola, incastonata come una perla in un vasto golfo della costa turca, sbarca a metà del IV secolo Aristotele. È invitato da un nativo di Lesbo, il suo leale compagno Teofrasto, destinato a diventare suo successore alla guida della sua scuola, il Liceo. Aristotele aveva lasciato Atene alla morte di Platone e non resterà a Lesbo a lungo: qualche anno più tardi verrà chiamato da Filippo II di Macedonia (dove suo padre era medico di corte) per occuparsi dell'educazione del giovane principe e dei suoi compagni. Il giovane principe diventerà Alessandro Magno e reindirizzerà la storia del mondo, gettando le basi del mondo ellenistico, sulla cui cultura viviamo ancora.

I pochi anni che Aristotele e Teofrasto trascorrono insieme a Lesbo sono capitali per la storia della scienza. Lesbo ha una geografia peculiare: uno stretto canale con rapide correnti che la divide dalla costa turca e una grande laguna interna dove l'acqua è bassa e calma. Sono tratti di mare che pullulano di vita. I due amici studiano questa vita con un'attenzione, un metodo, una precisione tali da aprire un capitolo nuovo nella storia del sapere.

Aristotele raccoglie le osservazioni sulla biologia in diversi libri. Il *Trattato sugli animali* (Τῶν περὶ τὰ ζῷα ἱστοριῶν) descrive quasi seicento specie. *Sulle parti de-*

gli animali (Περὶ ζῴων μορίων) introduce una classificazione sistematica e una dettagliata anatomia comparata. *Sulla generazione degli animali* (Περὶ ζῴων γενέσεως) ha accurate analisi di come si riproducono le diverse specie e come si sviluppano gli embrioni. E via così: *Sulla progressione degli animali* (Περὶ πορείας ζῴων), *Sui movimenti degli animali* (Περὶ ζῴων κινήσεως)... dalle seppie ai ricci di mare, dagli uccelli migratori alle alghe coralline, fino al pesce gatto, la torpedine, la rana pescatrice, il polpo, la seppia... stili di vita, di corteggiamento, anatomia, funzioni, distribuzione, abitudini.

Se avete l'idea di un Aristotele che deriva solo tutto da principi primi, ricredetevi. Ci sono osservazioni così acute che non sono state prese sul serio per secoli e sono state riconosciute corrette solo nel XIX secolo: per esempio il fatto che il polpo abbia un tentacolo specializzato per la riproduzione sessuale.

Charles Darwin: «Dalle citazioni che avevo visto, avevo un'alta nozione dei meriti di Aristotele, ma non avevo la più remota idea di che uomo meraviglioso fosse. Linneo e Cuvier sono stati i miei due dèi, anche se in modi diversi, ma erano semplici scolaretti del vecchio Aristotele».

L'osservazione diretta è la fonte principale di questo impressionante corpo scientifico, ma non l'unica. Aristotele raccoglie opinioni e osservazioni di pescatori, contadini, pastori e viaggiatori, sforzandosi di vagliarle e filtrarle.

Di Teofrasto, il *Trattato sulle piante* (Περὶ φυτῶν ἱστορία) e *Sulle cause delle piante* (Περὶ αἰτιῶν φυτικῶν) coprono con altrettanta vastità il mondo vegetale: la struttura delle piante, il modo in cui crescono e si riproducono, le loro varietà e la loro distribuzione nel mondo, il loro utilizzo, anche medico. Se la scienza è basata su un'osservazione della natura vasta, sistematica, dettagliata e critica, e sull'organizzazione di queste osservazioni, allora questo è l'inizio della scienza. Certo è l'inizio della biologia e della botanica. Armand Marie Leroi lo racconta con passione in un libro dal titolo *The Lagoon. How Aristotle Invented Science*.

Le descrizioni di Aristotele e Teofrasto sono così meticolose che certo i due amici osservavano e sezionavano loro stessi piante e animali. Me li immagino, Aristotele ha 36 anni, Teofrasto 23, chinati su un riccio di mare, affascinati dalla natura.

Saffo, Alceo, Aristotele, Teofrasto. Poesia lirica e scienza osservativa sono in fondo entrambe modi acuti di descrivere e pensare la realtà. Diversissime nel modo e nel centro del rispettivo interesse. Non è straordinario che siano entrambe sbocciate sulla stessa piccola isola, l'isola che dà il nome alle donne che amano le donne?

E oggi, Lesbo? Ci sono stato l'estate scorsa. Ha la dolcezza della vita, la cordialità gentile degli abitanti, l'irresistibile fascino senza tempo che hanno le isole greche. Ma mentre sul bordo del mare i turisti assaporano spensierati orate deliziose e i *dolmades* arrotolati nelle foglie di vite, quasi duemila migranti sono assiepati nel campo profughi dell'isola, il Kara Tepe Camp, costruito in fretta dopo l'incendio del campo di Moria due anni fa. Le condizioni del campo sono di prigionia, secondo le denunce di Medici senza frontiere e altre organizzazioni.

Le tensioni, le disparità, le ingiustizie profonde che permangono nel mondo contemporaneo lasciano il segno su questa piccola isola, che ha regalato all'umanità due dei suoi gioielli più preziosi.

Anish Kapoor e il nostro sonnambulismo

Dal catalogo Anish Kapoor, *Marsilio 2022.*

Quando ho ricevuto l'invito a scrivere qualcosa per il catalogo di Anish Kapoor, la mia reazione è stata negativa. Cosa ne so io di arte? Non so nulla di scultura: mi sono innamorato di Michelangelo in giovane età, e in questo sono rimasto ottusamente monogamo. Sono uno scienziato, parlo già di troppe cose che non capisco, perché aggiungerne un'altra?

Un paio di cose recenti di Anish che ho visto avevano qualcosa di oscuro con cui facevo fatica a entrare in relazione. Così, ho esitato e alla fine ho detto di no. Liberato dal fardello, ho iniziato a guardare il lavoro di Anish con cuore più leggero. Mi sono incuriosito. Sempre di più. Ho ascoltato Anish in alcune lunghe sequenze video e il suo sorriso incessante mi ha toccato. Così mi sono immerso nella sua arte. E mi ha conquistato.

Completamente. Non so perché. Forse per lo stesso motivo per cui ha affascinato milioni di persone. Forse per un'altra, visto che siamo tutti diversi. Così, ho deciso, dopo tutto, di provare a scrivere qualcosa, come omaggio ad Anish Kapoor, di cui credo di cominciare a percepire la grandezza.

Ma l'ultima cosa che posso scrivere è perché la sua arte cattura. I critici d'arte sono già molto bravi a spiegarlo (o a non spiegarlo). (Qualcuno mi ha davvero mai spiegato perché Michelangelo?)

Piuttosto, voglio provare a dire qualche parola su come le tracce seguite da Anish risuonino per me come scienziato. Perché forse è qui che sono stato affascinato da qualcosa come un'affinità nascosta.

Anish, da questo punto di vista, è semplice: osa andare. Osa andare dove nessuno è mai stato, al limite del conosciuto, sperando di portare con sé il resto di noi.

Tenta nuovi spazi, ci offre nuove prospettive, nuove scale, colori, materiali, in equilibrio sul filo di un rasoio tra ciò che riconosciamo e ciò che non riconosciamo. Questa è la sua magia.

Ma questa ricerca è proprio ciò che fa la scienza migliore: osare. Dove nessuno è mai stato, al limite del conosciuto, sperando che questo abbia un senso e ridisegni il modo in cui comprendiamo il mondo. Darci nuovi spazi, nuove prospettive, nuove scale, in equilibrio tra ciò che riconosciamo e ciò che non riconosciamo. Questa è anche la magia della scienza.

Qual è questo spazio in cui l'arte cerca di andare? Dov'è questo spazio che si trova al di là di ciò a cui abbiamo già accesso?

Credo che chiamarlo «spirituale» significhi dichiarare che non siamo interessati a capire cosa sia. Chiamarlo «emozionale» significa sminuirlo. Penso che sia piuttosto vicino allo spazio che la scienza si propone di esplorare, anche se con mezzi radicalmente diversi.

Provo a spiegarmi. Guardo uno dei pezzi di Anish. È un oggetto, ha una forma, ha un colore, che riflette la luce in questo o quel modo, ha una consistenza, forse c'è anche qualcosa che si muove. Ma ciò che vedo non è l'oggetto in sé. Il colore che mi arriva è determinato dalla struttura della mia retina, più ancora che dall'oggetto stesso. Quando non dalle nuvole che passano nel cielo, come in molte delle sue superfici specchianti. Una forma, una texture, è qualcosa che il nostro cervello interpreta, connette. Qualcosa che risuona. Tutto ciò che vediamo risuona. Se vediamo una sedia, sappiamo che è una sedia, risuona con la sua funzione, con innumerevoli ricordi legati a sedie simili o diverse nella nostra esperienza; la leggiamo alla luce di una complessa strutturazione della nostra visione del mondo. Non esistono oggetti bruti.

Per noi ci sono solo oggetti interpretati, costruiti dalla caleidoscopica rete di interazioni che li lega a ciò che li circonda, a noi e alla vasta complessità di ciò che accade nel nostro cervello.

Ora, la maggior parte degli oggetti sono facilmente riconoscibili e sono quindi archiviati come cose note nel nostro cervello. Passiamo davanti a tanti di loro ogni giorno senza farci caso, perché sono già stati elaborati.

Finché qualcosa non risuona più forte, o finché qualcosa non ci prende la mano e ci porta a mettere in discussione le nostre categorizzazioni, perché innesca una nuova connessione, un nuovo modo di vedere le cose. Credo che questa sia l'arte migliore: ci suggerisce delicatamente un nuovo modo di guardare le cose. Che è esattamente ciò che fa la scienza, con altri mezzi. Per questo è rara, è al limite, confina con l'inconoscibile e l'ineffabile. Perché gioca con il significato stesso.

Ci ricorda qualcosa che troppo spesso dimentichiamo: che la realtà è molto più ricca delle noiose categorizzazioni di cui ci nutriamo quotidianamente.

E Anish lo fa. Oh, quanto lo fa. Ci siamo persi nei suoi buchi, ammaliati dai suoi colori-materie e forme pure, disorientati dalle sue superfici, confusi dai suoi specchi, abbiamo perso la cognizione di ciò che è dentro e ciò che è fuori, siamo rimasti affascinati dalla patina che rivela e nasconde la materia. Come per l'artista rinascimentale, la sua maestria è al servizio dell'apertura dei nostri occhi a nuove letture.

Ciò che accade davanti a un'opera d'arte non è nell'oggetto in sé, e ancor meno in un misterioso mondo spirituale: è nella vasta complessità del nostro cervello, nella caleidoscopica complessità della rete di relazioni che creano per noi ciò che chiamiamo significato. Siamo profondamente coinvolti, perché ci porta un po' fuori dal nostro sonnambulismo e ci fa ritrovare la gioia di vedere qualcosa di nuovo nel mondo.

La stessa gioia che mi dà la scienza. Ho sentito Anish dire, con il suo inconfondibile sorriso, «non ho nulla da dire». Sì, certo, se sapessimo già cosa dire, perché avremmo bisogno dell'arte? Se lo sapessimo già, perché avremmo bisogno della scienza per cercare?

La musica

Dialogo con Erik Battaglia[*]

«La Lettura» del «Corriere della Sera», 5 giugno 2022.

Siamo nati entrambi un 3 maggio. Non ci siamo mai incontrati di persona. Erik Battaglia vive nella musica, Carlo Rovelli nella scienza. Da alcuni mesi ci scambiamo abbastanza assiduamente delle mail e (in una direzione) brani di meravigliosa musica.

ERIK BATTAGLIA – I miei dubbi riguardano lo stato della musica un attimo prima della sua espressione sonora: è altro dalla musica ma è già eccitazione sonora. Quali sono le leggi che governano la musica «ascoltata internamente», quando la si legge sul pentagramma o la si pensa? Ci sono situazioni in cui la musica trasformata in fenomeno fisico (o acustico) deve però prima sottostare alla prefigurazione mentale che se ne fa. Nel sistema temperato, le note possono avere nomi diversi ma risuonare uguali (per esempio mi diesis o fa naturale), in quello non temperato vi sono differenze minime (i comma, quasi dei «quark» acustici)

[*] Erik Battaglia, musicologo, docente di canto, baritono, ha dedicato la vita al Lied tedesco e alla musica vocale da camera

nella loro intonazione. Ma se io leggo mentalmente su una partitura una nota, qual è il dato fisico, il grado di entropia che metto in moto?

CARLO ROVELLI – Forse la musica (come tante altre cose simili) non abita nelle onde sonore che escono da uno strumento, ma neanche nei segni sul pentagramma. Abita in un complesso insieme di *relazioni* di due tipi: interne ai suoni e alle note, ed esterne a queste. Le relazioni *interne* sono facili da vedere, ma da sole dicono poco. Se lei suona un fa diesis sul pianoforte, è solo un suono, ma il fa diesis su cui scende il violino nella prima frase del *Benedictus* della *Missa Solemnis* di Beethoven che mi ha mandato è un'emozione. Ancora più ovviamente si vede questo nell'armonia...

ERIK BATTAGLIA – Se c'è un accordo di tre note sol-si-fa (mi piacerebbe poterle suonare di persona un esempio!) queste sono attratte in modo quasi gravitazionale dall'accordo di do maggiore (sol-do-mi) ma se interpreto mentalmente quel fa come mi diesis (che sul pianoforte è la stessa nota) la gravità si sposta sull'accordo di si minore, che è agli antipodi. Mi immagino quel momento (subito prima della realizzazione sonora) in cui io dirigo mentalmente la scelta a quale nota reale pensare non solo come il momento in cui decido se l'aristogatto jazzista di Schrödisney è vivo o morto, ma anche che musica fargli suonare, quella solenne in do maggiore o quella amara in si minore. Ma non so se la «prefigurazione mentale» di un accordo possa avere una sua realtà sensibile, fisica, un'entropia misurabile, se la mia osservazione influisca sul fenomeno stesso, se metta in atto l'interazione con «qualcos'altro» con cui lei sintetizza il momento dell'esistenza stessa degli elettroni secondo Werner Heisenberg.

CARLO ROVELLI – Evidentemente gioca la relazione in cui sta con le note che vengono prima (e dopo...).

ERIK BATTAGLIA – È vero che nell'ascolto della melodia, secondo la metafora usata da Edmund Husserl e da lei riportata nel suo libro *L'ordine del tempo* v'è la «ritenzione di quella precedente» ma che cosa succede quando io, prima di cantarla o sentirla, la vedo sulla carta o addirittura nell'immaginazione, come il sordo Beethoven con quei suoi quartetti di «rarefatta bellezza»? Penso davvero l'accordo, o penso l'esperienza che ho di quella combinazione sonora?

CARLO ROVELLI – Ecco… questo è proprio il punto. Penso che le relazioni *interne* fra i suoni da sole non siano nulla. Quelle che contano sono le relazioni *esterne*. Cioè con l'ascoltatore, il suo cervello, i suoi neuroni, le sue memorie, le sue aspettative, il suo mondo, la sua cultura, l'implicito significato in cui le note, le combinazioni di note, le strutture musicali e altro sono *già* cristallizzate dentro di lui. È solo in relazione a questo che quella nota e quella frase musicale acquistano senso. Non penso che questo sia vero in senso figurato: penso sia vero in senso letterale. La musica non è né nello spartito né nelle onde sonore. È nell'insieme sterminato di processi che avvengono nel nostro cervello: questi non riguardano lo spartito o le onde sonore se non in parte – riguardano molto di più un intero mondo di intensità, di senso, di emozione, con cui «risuonano». In senso figurato, questa volta, non letterale, nonostante siano suoni…

ERIK BATTAGLIA – Sì. È una lettura che risuona con la mia ricerca di una comprensione della musica che non sia mistica o metafisica, come purtroppo quasi sempre, ma non per questo non sia radicata nelle emozioni. Ho trovato nei suoi scritti la conferma di quella mia idea sulla musica come realtà fisica, definibile ed emotiva. L'idea opposta, che la musica inizi là dove si ferma la parola, come diceva il poeta romantico Heinrich Heine, mi sembra profondamente sbagliata: infatti ha usato parole per dirlo. Ma (e questo era il tassello mancante) il segreto è proprio quel mondo di relazioni, e la sua ricchezza che è quasi senza fine, ma la sua complessità è un problema nostro.

CARLO ROVELLI – La natura è un caleidoscopico gioco di combinazioni. Il nostro cervello pesca in questo rutilare e cerca delle strutture, dei pattern. Vive di questo. Gli esseri viventi vivono di questo: identificano pattern nell'accadere caotico degli eventi con cui interagiscono, e li usano per orientarsi e prevedere il futuro... Il nostro cervello, per quel poco che ne sappiamo, fa due cose centrali: accumula tracce del passato (nella memoria) e le usa per cercare costantemente di anticipare il futuro. Ogni nota acquista senso sulla base della memoria delle note precedenti e genera un'attesa per quanto viene dopo. L'attesa si basa sull'insieme delle esperienze precedenti di chi ascolta. Poi la musica, come la vita, è un infinito gioco a soddisfare e a contraddire queste aspettative. Come la vita, tutto questo è pura emozione.

ERIK BATTAGLIA – Sì, la musica è una continua oscillazione (anche acustica) tra il rispetto delle relative regole e convenzioni e il loro superamento o annullamento, fra conferma, sorpresa e delusione, nella misura delle quali si può davvero capire oltre che amare.

CARLO ROVELLI – Poi il cervello impara, per cui questi codici di interpretazione sono essi stessi in costante, lenta evoluzione, sia collettiva sia individuale...

ERIK BATTAGLIA – I più ricorrono a ossimori logici come la categoria mistica e misterica dell'indicibile, che nega sé stessa nel suo usare una parola detta, con tutto il seguito di significati verbali che tale parola implica. Più la musica è grande (il *Benedictus*,* nel nostro caso), più esprime sé stessa universalmente: il che non significa che essa rinunci alla propria complessità ma appunto che la trascenda. E così facendo si apre alla comprensione e alla fruizione emotiva di chi ha gli occhi per sentire la musica, anche se magari non ha le orecchie per vederla. Queste righe sono nate grazie a chi, complice quel discernimento, ha messo in relazione la musica del *Benedictus* con la sorgente del tempo. «Dal cuore – possa tornare al cuore», scrisse Beethoven come dedica della *Missa*. L'augurio vale ancora oggi.

CARLO ROVELLI – Se è un po' così non mi stupisce che quando l'occhio del musicista vede il pentagramma questo sia sufficiente per innescare tutto questo (non in me, che leggo il pentagramma come un bambino dell'asilo legge le sue prime parole...). Non mi stupisce che lo stesso mi diesis possa essere un'altra cosa, in un altro contesto. Un mezzo secondo di silenzio, in una pausa di un grande brano musicale, può lasciarci senza fiato. Anche se quello che ascoltiamo è lo stesso silenzio che altrove ci annoia... Le cose non sono isolate e con le loro proprietà: sono strutture di relazione. Anche gli atomi sono così. A loro modo, anche gli atomi sono come la musica: non sono determinati di per sé: sono tali nel modo in cui si manifestano al resto del mondo... La relazionalità della musica non ne è una strana peculiarità. È, in fondo, io penso, come funziona il mondo in generale.

* Della *Missa Solemnis* di Beethoven, su cui è nata questa conversazione.

ERIK BATTAGLIA – Ancora due parole su Beethoven, e poi la lascio al suo lavoro. Il *Benedictus*, con cui lei chiude *L'ordine del tempo*, l'ho risentito molte volte in questi giorni. Mi pare che, usando quelle formule confessionali che non rappresentano una visione religiosa (devo ancora trovare un grandissimo compositore che sia stato anche davvero credente, non mi pare ve ne siano) ma, proprio come dice lei per Albert Einstein e Baruch Spinoza, anche Beethoven, da quella che lei definisce «sorgente del tempo», faccia discendere il violino dalle altezze abissali del pentagramma nella solitudine, incurante delle battute, quasi come dovesse appunto incarnarsi nello spirito della terra benedetta dalla sua arte, come unico spirito del tempo. Lo fa con le note basilari dell'armonia, appunto in un ordine sublime. Persino quel momento in cui l'ordine sembra frantumarsi, a *in nomine Domini*, egli riesce persino a evitare la cadenza evitata, o d'inganno, e procede per grandi accordi del tutto comuni, ma dirompenti per come sono usati. Penso che l'intera *Missa Solemnis* sia una sorta di enorme allegoria dell'universo osservabile e non, magari non dal punto di Lagrange 2 ma dall'occhio della mente di Beethoven. Lo penso grazie a quella sua immagine di «sorgente del tempo» del *Benedictus*. Mi ha aperto un'altra visione della musica, con il tempo non più soggetto alla normale scansione, ovvero coincidente con lo scorrere empirico e misurabile. Beethoven sembra davvero simulare e deformare lo spazio-tempo con una visione altra, forse legata alla potenza compensatrice dell'orecchio interno.

CARLO ROVELLI – O del nostro mondo interno, dove lo spazio e il tempo sono costruzioni che partono dall'accumulo delle nostre esperienze e le organizzano. Viviamo in un grande cerchio: siamo parte del mondo e insieme di quel mondo non conosciamo che i frammenti che si specchiano in noi, da cui ci costruiamo le immagini migliori che possiamo, del resto. Quando ci dimentichiamo di chiudere il cerchio cadiamo negli errori opposti: di pensare che il mondo sia solo specchiato in noi o di pensare che il mondo che concepiamo sia lo specchio esatto del mondo esterno. Il tempo della nostra esperienza è un ricco addobbo costruito sulla geografia degli eventi del mondo attorno a noi. Si riaggiusta con nuova memoria, con i libri di storia, e ascoltando la *Missa Solemnis*...

ERIK BATTAGLIA – Per farmi perdonare del tempo rubato le mando la prima pagina della prima edizione del *Benedictus*, con il violino (mai così solo) che inizia a discendere da quella che lei definisce sorgente del tempo.

CARLO ROVELLI – È diventata la pagina di sfondo del portatile su cui abitualmente scrivo, e da cui ora le sto rispondendo. Grazie.

Tianxia. Sotto un unico cielo

«La Lettura» del «Corriere della Sera», 4 settembre 2022.

La casata degli Zhou è una delle dinastie che hanno governato più a lungo, e su una zona molto vasta. È durata quasi otto secoli: dall'XI al III prima della nostra era. Copriva un'ampia area di quella che oggi è la Cina.

Ciononostante, gli Zhou non sono mai stati un gruppo particolarmente potente e ricco: sono arrivati al potere guidando un'alleanza che si è ribellata e ha rovesciato la dinastia precedente, e sono rimasti al potere grazie a un sistema di alleanze e gestione degli equilibri.

Risale a loro una delle dottrine politiche più longeve e influenti dell'Asia: la nozione di «Mandato del Cielo». Mentre le dinastie precedenti regnavano per diritto divino o per diritto di conquista, come tanti regnanti europei, gli Zhou reclamavano il diritto a governare come mandato da una divinità celeste sulla base della loro efficacia nel garantire l'armonia fra i popoli. Questo implicava che questo diritto fosse subordinato al benessere e al giudizio dei governati.

Particolarmente interessante è il fatto che il Mandato del Cielo non riguardava solo una regione delimitata, ma tutto ciò che vi sia «sotto il cielo». La parola cinese Tianxia, letteralmente «sotto il cielo», forse resa meglio in italiano come «sotto un unico cielo», si riferisce a quest'idea della politica come potenzialmente inclusiva anziché esclusiva.

La regione di interesse per il Mandato del Cielo, in altre parole, non riguardava una zona delimitata da confini, in opposizione a nemici esterni, ma implicava la responsabilità dell'imperatore di farsi carico di realizzare armonia, o almeno compromesso, con tutte le popolazioni all'orizzonte. Come per molti grandi imperi del mondo, da Alessandro Magno a Genghis Khan, dagli Asburgo agli Stati Uniti d'America, la grande diversità culturale non era considerata incompatibile con l'esistenza di un ordine al di sopra delle parti.

Il declino della dinastia Zhou, dopo molti secoli, è stato graduale: il sistema feudale si è lentamente disgregato, degenerando in un periodo turbolento, periodo però di straordinaria fecondità culturale. I grandissimi libri del pensiero cinese, fra i più importanti testi dell'umanità, Zhuangzi, Confucio, Mo Zi, Lao Tzu, Mencio, risalgono a questo periodo.

Nel 2005, Zhao Tingyang, uno dei filosofi politici attuali più influenti in Cina, ha pubblicato *Il sistema Tianxia: una filosofia per le istituzioni mondiali,* suscitando vivo interesse e una vivace discussione tanto in Cina che in Occidente. Tingyang prende ispirazione da alcuni aspetti della nozione Zhou di Tianxia, per proporre coordinate per ripensare la politica internazionale oggi.

Il punto di partenza del libro è l'osservazione che mentre la politica è riuscita, in maniere diverse più o meno buone, a risolvere il problema della convivenza all'interno dei singoli Stati, il problema della convivenza fra Stati, cioè nell'intero pianeta, è invece irrisolto: la politica internazionale è caos, anarchia nel senso peggiore. È la legge del più forte, un susseguirsi di guerre, massacri e tensioni.

Istituzioni dalle lodevoli intenzioni come le Nazioni Unite sono impotenti: i più forti di ogni colore non rispettano le decisioni collettive.

Se la politica è l'arte del vivere assieme, la politica internazionale deve ancora nascere.

Tingyang argomenta che l'idea che la sovranità debba appartenere unicamente ai singoli Stati, il principio di diritto internazionale che si fa tradizionalmente risalire alla pace di Westfalia che pose fine alla guerra dei Trent'anni, e che è iscritto nella carta delle Nazioni Unite, non ci porta a un mondo stabile. È necessario concepire un soggetto politico nuovo: l'umanità intera. Ripensare la politica internazionale in termini di inclusione, non di esclusione, e rendersi conto che collaborare conviene rispetto all'essere permanentemente in conflitto, come ora fa il mondo.

Il libro presenta un'analisi acuta e profonda, che mi ha colpito, delle basi teoriche della teoria dei giochi: la teoria matematica usata per modellizzare il comportamento razionale nelle scelte di agenti in interazione. La stessa idea di base della teoria dei giochi – la massimizzazione del guadagno individuale è l'obiettivo degli agenti «razionali» – tradisce un'incoerenza di fondo: gli agenti reali sono essi stessi il prodotto di reti collaborative sia interne che esterne; come tali hanno un interesse evolutivo a lungo termine, che non è solo la massimizzazione di un guadagno individuale a corto termine.

In parole semplici: preferire il conflitto alla collaborazione in vista di un guadagno a breve termine è miope dal punto di vista della ragione.

Eppure è su questa logica che oggi si muove la politica internazionale. L'idea Tianxia proposta da Tingyang, nel solco del confucianesimo, è agire per trasformare il mondo in uno spazio unico compatibile con le diversità culturali, ma unificato dall'ideale di una umanità civilizzata che collabora.

Tingyang è stato accusato di edulcorare e mitizzare la realtà della Cina Zhou, e cercare di rimpiazzare il predominio ideologico e la pretesa superiorità morale occidentale con una pretesa superiorità morale e un predominio ideologico orientale. Cadere in queste critiche è esattamente cadere nella logica del predominio. Il problema del mondo oggi non è chi avrà più influenza nell'infinito gioco di scambio che è la civiltà. Il problema attuale del mondo è come evitare che il XXI secolo sia un disastro come è stato il XX secolo: cento milioni di morti ammazzati e il pianeta devastato dalle due spaventose guerre mondiali, problema reso oggi ancora più drammatico dall'insensato arsenale atomico, pronto a essere lanciato, e presente anche in Italia, senza neppure il controllo italiano.

Il problema del mondo non è chi vincerà, militarmente, ideologicamente, politicamente. Il problema del mondo è come trasformare il gioco a chi vince in un gioco a come meglio collaborare per il bene comune. Non è come vincere le guerre: è come evitarle.

* * *

L'urgenza di questo problema è sottolineata da un altro libro recente di grande interesse che riguarda la Cina. Questo scritto da un personaggio di indubbia fedeltà occidentale: l'ex premier australiano Kevin Rudd. Rudd è profondo conoscitore della Cina: a lungo ambasciatore a Pechino, parla fluentemente mandarino e conosce da vicino la leadership cinese. Il libro è un'analisi approfondita ed estesa della politica cinese, del Partito comunista cinese e in particolare delle idee e degli obiettivi di Xi Jinping. Il titolo del libro riassume la situazione, come è vista dal politico australiano: *La guerra evitabile: i pericoli di un catastrofico conflitto fra gli Stati Uniti e la Cina di Xi Jinping*.

Che stiamo andando naturalmente verso un simile conflitto, e che solo una brusca sterzata della politica occidentale possa evitarlo, è anche la tesi di un altro libro che ha recentemente suscitato larga eco nel mondo: *Destinati alla guerra: possono l'America e la Cina sfuggire alla trappola di Tucidide?* del politologo americano Graham Allison.

In un passaggio famoso, lo storico greco Tucidide osservava che la guerra del Peloponneso fra Sparta e Atene era quasi inevitabile, perché quando cresce una nuova potenza economica (Atene/Cina) e declina il peso economico della potenza militarmente dominante (Sparta/Usa), la prima non si accontenta più di essere dominata e la seconda non tollera che qualcuno non si faccia più dominare. In queste condizioni solo una grande saggezza e lungimiranza evitano un conflitto che finiscono per pagare tutti.

La Cina teme un conflitto, data l'enorme sproporzione militare. Gli Stati Uniti, preoccupati che una potenza locale possa crescere fino al punto di mettere in questione il loro predominio militare mondiale, forse lo temono meno.

* * *

Nel 1913, la produzione mondiale di beni era per oltre l'80% concentrata in Europa e America. Il dominio economico occidentale sul mondo era totale. Oggi, la produzione di beni dell'Occidente si è ridotta a meno della metà della produzione mondiale. Il dominio dell'Occidente si appoggia oramai sulle armi, non più sull'economia. E su una propaganda ideologica che forse in Occidente suona ancora convincente per qualcuno, ma non più nel resto del pianeta.

Il futuro, mi sembra, è nelle mani di una scelta storica maggiore. L'Occidente deve decidere se essere pronto a scatenare l'inferno per mantenere il predominio e continuare a incrementare i suoi privilegi, oppure ripensare al pianeta in termini di collaborazione, invece che di competizione, polarizzazione, «avversari strategici», «contenimento» degli avversari, malvagi «autocrati», «decoupling» delle economie.

Anche l'impero americano si regge su una parziale Tianxia, un sistema di alleanze, di cui il nostro Paese fa parte. Penso sia responsabilità degli Stati satelliti come il nostro resistere al farsi trascinare nell'avventurismo bellicoso del nostro alleato maggiore e adoperarsi invece per contribuire a gettare le basi di una politica internazionale di cooperazione invece che di scontro.

Cercare una politica che veda al centro un soggetto politico nuovo: l'umanità, tutta «sotto un unico cielo». Credo che sia questo che chiedono tutti i popoli del mondo.

Noi contro loro

«Corriere della Sera», 15 marzo 2022.

La guerra vicina scatena in noi emozioni intense. Abbiamo un nodo alla gola. Brucia la domanda di come fermare l'orrore. Come arrestare la sofferenza insensata che è la guerra? C'è la solidarietà, e anche l'inquietudine che anche la nostra sicurezza sia fragile.

È difficile districare emozioni e ragione. È facile, trascinati dall'emotività, commettere errori. Per noi, e per chi prende le decisioni collettive, rispondendo alle passioni comuni.

Tanti spingono per una immediata diminuzione dello scontro, negoziati senza pregiudiziali, aperti a concessioni reciproche. Dal segretario generale delle Nazioni Unite, António Guterres, ai Paesi che hanno preferito non sostenere la risoluzione Onu di condanna alla Russia: oltre trenta, che rappresentano più di tre miliardi di abitanti. Il Papa, il Dalai Lama, generali del nostro esercito come il generale Fabio Mini, intellettuali di collocazioni diverse, voci di colori politici che vanno da sindacati di sinistra al mondo cattolico di Pax Christi, fino a chi è impegnato da anni contro la guerra, non solo questa, come la Rete italiana pace e disarmo o Emergency.

Dall'altra parte c'è la reazione a un'evidente aggressione da parte di un Paese con un regime politico che la maggior parte di noi detesta – io per primo —, contro un Paese ridotto in macerie per essersi avvicinato alla nostra Europa. Per una volta sembra chiaro da che parte stia il torto. La reazione è concentrarsi solo su questo, condannare l'aggressore e difendere il Paese aggredito con le armi.

Questa reazione istintiva nutre il «noi contro loro», lo spirito di gruppo. Cresce la belligeranza. È la logica della guerra: concentrarsi sulle nefandezze del nemico (reali) ignorando il resto (le nostre per esempio), demonizzarlo, alzare lo scontro, sentirsi dalla parte della giustizia, e per questo sparare, uccidere.

La logica è la stessa logica delle faide fra bande, in cui l'ultima grave offesa autorizza a far crescere lo scontro. La logica dei litigi fra individui, in cui entrambi si convincono, spesso a ragione, di essere vittime. Ogni compromesso è percepito come cedimento al male. Le voci di dubbio diventano sostegno al nemico.

Oggi questa seconda reazione prevale negli Stati Uniti e, con più dubbi, in Europa.

Penso sia un errore di cui ci pentiremo, soprattutto in Europa. Per diversi motivi.

Il primo motivo è che dare più importanza allo scontro che alla cessazione delle ostilità aumenta le sofferenze degli esseri umani. Qualcuno pensa davvero che mandando armi diminuiamo le sofferenze della guerra, il numero di morti, la quantità di devastazione? Abbiamo sentito «combatteremo fino alla morte» da giovani ucraini. Io non mi sento dalla loro parte. Rileggo *La Storia* di Elsa Morante per capire la guerra. Ci sono i «combatteremo fino alla morte», e c'è la folla sofferente delle Iduzze che non vuole la guerra. Mi sento più dalla parte di questa. Mandare armi in Ucraina mi sembra cadere nel gioco delle superpotenze: armare i piccoli perché facciano la guerra, per procura, contro altre potenze.

Il secondo motivo per cui penso che la reazione in corso sia un errore, è che ci spinge in una logica che rischia di rendere il XXI secolo perfino peggiore del XX. Il mondo manicheo, diviso in buoni contro pericolosi cattivi, le buone democrazie e i cattivi autocrati di Russia e Cina, dove l'unica salvezza è imporre il nostro predominio con le armi: questo è un mondo che va verso catastrofi.

L'alternativa è quella che ripete, fra tanti, il segretario generale delle Nazioni Unite: accettare la varietà ideologica, lavorare per la legalità internazionale, per la diplomazia. Accettare che altri Paesi abbiano idee diverse dalle nostre, senza esserne spaventati. La paura è la peggiore consigliera. La paura è la radice dell'aggressività. Leggete *Mein Kampf* di Hitler: è basato sul fatto che bisogna avere paura degli altri. Il primo passo verso la non belligeranza è uscire noi (che siamo militarmente ed economicamente molto più forti) dalla logica della paura.

L'élite al potere in Russia era terrorizzata dall'idea di missili nucleari Nato in Ucraina. Vi sembra strano? Per evitare missili sovietici a Cuba gli Stati Uniti sono stati pronti a sfiorare la guerra nucleare. Non è incomprensibile che il Cremlino faccia lo stesso.

La soluzione di Kennedy e Kruscev fu che l'Urss rinunciava ai missili a Cuba in cambio del ritiro dei missili Usa dalla Turchia. Un accordo diplomatico, in una situazione più ideologicamente polarizzata di oggi. Un passo indietro da parte di entrambi. Così si va verso la pace. Perché non possiamo fare lo stesso?

Metà del pianeta si è rifiutata di condannare la Russia. Credo che il motivo sia ovvio: agli occhi di molti le bombe su Kiev sono orrore, ma lo sono state anche le bombe Nato su Belgrado, Tripoli, Baghdad, o Kandahar, su Paesi che non avevano aggredito nessuno, contro la legalità internazionale.

Sono orrore anche le bombe fabbricate in Italia che cadono oggi sullo Yemen, in una guerra che, come la guerra afghana scatenata illegalmente dall'Occidente, fa più morti, rifugiati, devastazione e dolore che l'Ucraina.

La guerra in Ucraina non nasce adesso: era una guerra civile da quasi un decennio. L'Occidente sosteneva le spese militari (l'impeachment di Trump, ricordate?, riguardava quattrocento milioni di dollari in aiuti militari a Zelensky). Era per promuovere la distensione che la Nato faceva esercitazioni militari nel Mar Nero davanti alle basi russe l'anno scorso?

Tutto questo non scusa la violenza russa, ma ci aiuta a capire. Siamo scossi dalla guerra vicina, ma se consideriamo la guerra come triste necessità quando conviene a noi, e orrore quando la fanno gli altri, non aiutiamo la pace.

Penso che dobbiamo uscire dalla logica di rispondere alla violenza fomentando violenza. Trovare compromessi con dialogo e politica come seppero fare Kennedy e Kruscev.

La vera urgenza è fermare il massacro.

Ipocrisia

*«Corriere della Sera», 31 luglio 2022.**

Poche volte mi sono sentito come in questo periodo, così lontano da quanto leggo sui giornali e vedo alla televisione riguardo alla guerra in corso in Europa orientale. Poche volte mi sono sentito così in dissidio con i discorsi dominanti. Forse era dai tempi della mia adolescenza inquieta che non mi sentivo così ferito e offeso dal discorso pubblico intorno a me.

Mi sono chiesto perché. In fondo, sono spesso in disaccordo con le scelte politiche e ideologiche dei diversi Paesi in cui vivo, ma questo è normale, siamo in tanti e abbiamo opinioni diverse, letture del mondo diverse. Anche del mio relativo pacifismo, sono poi così sicuro? Ho dubbi, come tutti. Allora perché mi sento così turbato e spaventato, da quanto leggo su tutti i giornali, e sento ripetere alla televisione, in questo continuo parlare sulla guerra?

Oggi l'ho capito. L'ho capito proprio ritornando col pen-

* Versione completa dell'articolo pubblicato con il titolo *Un nuovo soggetto politico, l'umanità.*

siero al periodo della mia prima adolescenza, quando tanti anni fa la gioventù di tanti Paesi del mondo cominciava a ribellarsi a uno stato di cose che le sembrava sbagliato. Cos'era stata quella spinta al cambiamento? Non era solo l'ingiustizia sociale, i popoli massacrati dal napalm come i vietnamiti, il perbenismo, la bigotteria, l'autoritarismo delle università e delle scuole... C'era qualcosa di più semplice, immediato, viscerale, che ha ferito l'adolescenza di mezzo secolo fa e ha innescato le rivolte di tanti ragazzi di allora: era l'ipocrisia del mondo adulto.

L'istintiva realizzazione da parte della limpidezza della gioventù che gli ideali ostentati erano sepolcri imbiancati. I nobili valori dichiarati erano coperture per un egoismo gretto. L'ostentato moralismo, la pomposa prosopopea della scuola, la pretesa autorità delle istituzioni erano coperture per privilegi, sfruttamento e bassezze. Questo d'un tratto era insopportabile, agli occhi limpidi di una ragazza o un ragazzo.

Sono passati tanti anni da allora. Il mondo mi appare infinitamente più complesso, difficile da decifrare, difficile da giudicare, di quanto mi apparisse allora. L'illusione che tutto nel mondo possa essere pulito e onesto l'ho persa da tempo. Ma l'esplosione dell'ipocrisia dell'Occidente in questo ultimo anno è senza pari.

D'un tratto, l'Occidente, tutto insieme in coro, ha cominciato a cantarsi come il detentore dei valori, il baluardo della libertà, il protettore dei popoli deboli, il garante della legalità, il guardiano della sacralità della vita umana, l'unica speranza per un mondo di pace e giustizia. Questo inno a quanto l'Occidente sia buono e giusto e quanto gli Stati autocratici siano cattivi è un coro all'unisono ripetuto all'infinito da ogni articolo di giornale, ogni commentatore televisivo, ogni editoriale. La cattiveria feroce di Putin è additata, ostentata, ripetuta, deprecata, declamata, all'infinito. Ogni bomba che cade sull'Ucraina ci ripete quanto la Russia sia il male e noi il bene.

Io sarei felice di unirmi a questo coro, se ogni volta che condanniamo il fatto – molto condannabile – che una potenza militare abbia attaccato con futili pretesti un Paese sovrano l'Occidente aggiungesse: «E io Occidente quindi mi impegno a non fare mai più nulla di simile in futuro, come ho fatto in Afghanistan, Iraq, Libia, Siria, Yemen, Serbia, Panama, Repubblica Dominicana, Nicaragua, Vietnam, Corea, Russia, Grenada, Cuba, Cina, e in tantissimi altri Paesi. Lo abbiamo fatto fino a ieri. Ora che lo fanno i russi ci rendiamo conto di quanto sia doloroso, non lo faremo mai più».

Sarei felice di unirmi al coro, se ogni volta che condanniamo il fatto – molto condannabile – che i confini delle nazioni non sono rispettati l'Occidente aggiungesse: «E io Occidente quindi mi impegno a non fare mai più nulla di simile in futuro, come ho fatto quando ho subito riconosciuto l'indipendenza della Slovenia e della Croazia, cambiando i confini in Europa e innescando una sanguinosa guerra civile».

Sarei felice di unirmi al coro, se ogni volta che condanniamo il fatto – del tutto condannabile – che Mosca bombarda Kiev, ammazzando civili innocenti, adducendo come motivo che Kiev usava violenza in Donbass, se l'Occidente aggiungesse: «E io Occidente quindi mi impegno a non fare mai più nulla di simile in futuro, come ho fatto quando ho bombardato Belgrado, uccidendo migliaia di persone, donne e bambini, adducendo come motivo che Belgrado usava violenza in Kosovo».

Sarei felice di unirmi al coro, se ogni volta che condanniamo il fatto – del tutto condannabile – che la Russia pretende di cambiare il regime politico di Kiev perché questo regime le si ribella l'Occidente aggiungesse: «E io Occidente quindi mi impegno a non fare mai più nulla di simile in futuro, come ho fatto quando ho bombardato la Libia, invaso l'Iraq, destabilizzato governi legittimi del mondo intero, dal Medio Oriente al Sudamerica, dal Cile all'Algeria, dall'Egitto alla Palestina, ogni volta che un popolo votava per un governo poco favorevole agli interessi occidentali, rovesciando governi democraticamente eletti come in Algeria, in Cile, in Egitto o in Palestina, per sostenere invece, quando fa comodo, dittature come in Arabia Saudita, anche se i sauditi continuano a massacrare gli yemeniti, e i morti nella guerra in Yemen, che continua, sono per ora dieci volte i morti in Ucraina».

Sarei felice di unirmi al coro che si commuove per i poveri ucraini, se questo coro si commuovesse anche per gli yemeniti, i siriani, gli afghani e tutti gli altri, con la pelle di tonalità leggermente diversa, invece di lasciare fuori tutti gli altri a marcire.

O forse sarei in disaccordo, ma non così schifato, se semplicemente sentissi dire «siamo i più forti, vogliamo dominare il mondo con la violenza delle armi, per difendere la nostra ricchezza, i nostri privilegi, e lo domineremo». Perché questa è la nuda verità. Almeno non ci sarebbe l'ipocrisia, almeno potremmo discutere se questa sia o non sia una scelta lungimirante, se non sia più lungimirante smorzare lo scontro e cercare collaborazione.

Invece siamo immersi in una ipocrisia sfrenata. Arriviamo a eccessi che rasentano il surrealismo. I nostri giornali parlano del comportamento «imperiale» della Cina e della Russia. La Cina non ha che qualche soldato al di fuori dei suoi confini riconosciuti internazionalmente. La Russia ne ha a pochi chilometri dai suoi confini. Gli americani hanno centomila soldati in Europa, basi militari in Centroamerica, in Sudamerica, in Africa, in Asia, nel Pacifico, in Giappone, in Corea, praticamente ovunque nel mondo. Eccetto in Ucraina, dove però stavano iniziando a costruirle. Hanno portaerei nel mare della Cina. Chi ha una politica imperiale? Dalle coste cinesi si vedono navi da guerra americane, non credo che da New York si vedano navi da guerra cinesi. E i nostri giornalisti surrealisti riescono a distorcere la realtà fino a parlare della logica imperiale di Russia e Cina!

Si paventa l'uso della bomba atomica. Ma è l'Occidente l'unico ad aver usato la bomba atomica per affermare il suo incondizionato dominio con la violenza più estrema mai messa in atto dagli umani, e già a guerra praticamente vinta. Nessun altro lo ha fatto mai. Gli Stati Uniti sono l'unico Paese che dichiara di essere pronto a usare armi atomiche anche per motivi diversi dalla pura deterrenza e dalla difesa dei loro confini. Sono l'unico Paese che ha riempito il mondo (compresa l'Italia) di basi con armi nucleari. Ci raccontano che la Cina è aggressiva. Ma non ha fatto una sola guerra dopo la Corea e il Vietnam; l'Occidente ha fatto guerre in continuazione nel mondo intero negli ultimi ottant'anni. Chi è l'impero?

Il Pentagono pubblica regolarmente liste di esseri umani uccisi in ogni parte del mondo dai suoi droni. Riconosce pubblicamente che molti innocenti vengono uccisi per sbaglio. Il «New York Times» arriva all'orrore di scrivere un articolo per denunciare il fatto che i poveri soldati americani che guidano questi droni da remoto non hanno abbastanza supporto psicologico per tollerare il duro stress di dover spesso ammazzare innocenti. Lo scandalo, per il paludato organo di stampa dei padroni del mondo, non è che siano ammazzati innocenti: è che i soldati che li ammazzano non abbiano adeguato supporto psicologico.

Neppure l'impero assiro, ricordato nell'antichità per la sua violenza, era arrivato a una simile arroganza e un simile disprezzo per il resto dell'umanità. Ma i nostri giornalisti ignorano felicemente che ogni settimana nel mondo qualcuno viene ucciso da droni americani, e ricordano indignatissimi di una persona avvelenata anni fa dai russi a Londra.... Come sono orrendi i russi! E via via...

La Russia si è permessa di commettere anch'essa uno degli orrori che l'Occidente continua a commettere. L'Iraq e l'Afghanistan non avevano fatto male a nessuno: l'Occidente li ha invasi e ha fatto centinaia di migliaia di morti, nelle due guerre. Questo stesso Occidente fa l'anima candida con la Russia? Che lo faccia promettendo di non invadere più nessun Paese, di non infilarsi più in nessuna guerra, di non rovesciare governi, assassinare capi di Stato, dominare il mondo con la violenza. Allora mi unirò anch'io al coro di condanna dei russi cattivi.

Abbiamo sentito l'assurdo. Gli americani invocare la Corte internazionale di giustizia, dopo averla sempre ostacolata, e non avervi voluto aderire, perché loro non vogliono sottostare a leggi internazionali. Abbiamo sentito invocare la legalità internazionale, quando le ultime guerre della Nato sono state illegali, non approvate dalle Nazioni Unite, e gli Stati Uniti hanno fatto di tutto per esautorare l'Onu, compreso non pagare la loro quota. Abbiamo perfino sentito l'Inghilterra invocare il diritto all'autodeterminazione dei popoli, proprio l'Inghilterra, che non ha fatto che calpestarlo per secoli, e di colonie ne ha ancora.

Amo l'America. Ci ho vissuto dieci anni. La conosco. La ammiro. Ne conosco splendori e orrori. La brillantezza delle sue università, la vitalità della sua economia, la miseria dei ghetti neri e dei ghetti bianchi, le carceri dove tengono quasi un americano su cento, la violenza per noi inconcepibile delle sue strade. Amo anche l'Europa, dove sono nato. Ho amato quella che mi sembrava essere la tolleranza e la cautela ereditate dalla devastazione dell'ultima guerra mondiale. L'idea di una collaborazione internazionale crescente.

Ma non posso non vedere come questa parte ricca e potente del mondo stia chiudendosi su sé stessa in un parossismo di violenza contro il resto del mondo. Amo l'Occidente, ma per la ricchezza culturale che ha regalato al mondo intero, non per essere diventato dominante con la schiavitù e lo sterminio di interi continenti, non per questa sfrenata violenza e questa ipocrisia che sono la continuazione degli orrori del passato coloniale. Amo anche la Cina e l'India, di cui pure ho visto e vedo miserie e splendori.

È stupido discutere su chi sia migliore. Come se dovessimo tutti fare la stessa cosa. Avere tutti le stesse idee. Vivere tutti con lo stesso sistema politico. Come se qualcuno dovesse necessariamente vincere sugli altri. Il problema del mondo non è chi deve vincere, chi deve comandare, che sistema politico si deve imporre su tutti. Il problema del mondo è come convivere, tollerarsi, rispettarsi, imparare a collaborare. Crescere ciascuno nel suo modo.

Il mondo ha diversi miliardi di abitanti. La maggioranza di questi sono fuori dall'Occidente. Sono in Cina, in India, in Russia, in Brasile, in Indonesia, nel resto del Sudamerica, dell'Africa, dell'Asia. Sono la maggioranza dell'umanità. Hanno sempre meno simpatia per l'Occidente. Non partecipano alle sanzioni contro la Russia, molti si sono rifiutati perfino di votare la condanna della Russia all'Onu, nonostante la Russia fosse ovviamente condannabile. Non perché siano cattivi, perché amino la violenza, o abbiano biechi motivi. Ma semplicemente perché vedono la sfrenata ipocrisia dell'Occidente, che riempie il mondo dei suoi eserciti, si sente libero di massacrare, e poi fa l'anima candida se un altro si comporta male.

Il mondo, nella sua vasta maggioranza, vorrebbe che i problemi comuni dell'umanità, il riscaldamento globale, le pandemie, la povertà, fossero affrontati in comune, con decisioni prese in comune. Vorrebbe che le Nazioni Unite contassero di più. L'Occidente blocca questa collaborazione, perché si sente in diritto di comandare, di dettare le regole a tutti, perché ha le armi dalla sua, la violenza dalla sua. Il presidente americano parla fiero del mondo sotto la leadership degli Stati Uniti.

L'Occidente si sente inquieto perché la Cina sta diventando ricca, per questo la stuzzica, la provoca, la accusa di ogni possibile colpa (e ce ne sono: scagli la prima pietra chi è senza). L'Occidente, mi sembra, vorrebbe umiliarla militarmente prima che cresca troppo e questo diventi impossibile. La classe dominante occidentale ci sta portando verso la terza guerra mondiale. I problemi dell'Ucraina si potrebbero risolvere come alla fine l'Occidente ha voluto risolvere quelli della Jugoslavia: una guerra civile che si trascina da tempo, con interventi militari esterni, finita in una separazione in parti diverse.

Ma l'Occidente non vuole una soluzione, vuole fare male alla Russia: non fa che ripeterlo.

Alla televisione sfilano le facce felici delle riunioni dei leader occidentali, felici delle loro portaerei, delle loro bombe atomiche, delle loro armi innumerevoli, migliaia di miliardi di dollari di armi, con cui si potrebbero risolvere i problemi del mondo, e invece sono usati per rafforzare un predomino violento sul mondo.

E tutto questo verniciato di belle parole: democrazia, libertà, rispetto delle nazioni, pace, rispetto della legalità internazionale, rispetto della legge. Dietro, come zombi, i giornalisti e gli editorialisti a ripetere. Sepolcri imbiancati. Su una scia di sangue di milioni di morti straziati dalle nostre bombe negli ultimi decenni. Da Hiroshima a Kabul, e continueranno.

Hong Kong, diario di viaggio

*«Corriere della Sera», 20 gennaio 2020.**

La protesta si è riaccesa a Hong Kong. Gli scontri fra polizia e manifestanti, le devastazioni, le occupazioni delle università, le grandi manifestazioni, perfino un'irruzione nel parlamento. Tutto sembrava essersi calmato dopo la vittoria dei candidati pro-democrazia alle elezioni circoscrizionali di novembre, ma il fuoco si è riacceso.

Nei giorni scorsi ero all'Università di Hong Kong. Studenti mi mostravano compiaciuti le terrazze dalle quali avevano lanciato sassi e frecce contro la polizia, le entrate del campus dove erano bruciate barricate, i pavimenti divelti per raccogliere pietre. Ma l'atmosfera del campus era sonnacchiosa, i negozi di lusso del centro scintillavano impeccabili, trasudando ricchezza, le stradine decrepite del quartiere del mio albergo brulicavano della consueta vita caotica e colorata della povertà dei tropici. L'Hong Kong di sempre, insomma: con un prodotto pro capite fra

* Questo articolo è stato scritto prima che la Cina reprimesse il movimento indipendentista di Hong Kong.

i dieci più alti del mondo, e livelli di diseguaglianza impensabili in Europa.

La calma non è durata molto: ieri sono ricominciati i disordini.

Cosa li motiva? Hong Kong è stata colonia britannica per oltre un secolo. Non potendo tenerla, Londra l'ha ceduta alla Cina nel 1997, nel contesto di un trattato a lungo termine in cui Pechino si è impegnata a mantenerne per cinquanta anni l'economia capitalistica e una considerevole indipendenza legale e amministrativa. Con sfacciata ipocrisia tutta inglese, Londra ha ottenuto un ambiguo impegno ad andare «verso» elezioni a suffragio universale: elezioni che ovviamente la stessa Londra si era guardata bene dal concedere alla propria colonia.

Oggi Hong Kong ha un governo sulla cui scelta Pechino ha peso determinante. Il principio è «un Paese, due sistemi», lo stesso con cui Pechino cerca, con poco successo, di convincere Taiwan a stringersi pacificamente al continente. Per decenni Hong Kong ha giocato il ruolo di porta commerciale fra Cina e Occidente, facendo comodo a tutti e accumulando ricchezza. È diventata il nodo finanziario dell'Asia. Le tensioni per l'ambigua relazione con la Cina, sempre presenti, sono esplose solo nell'ultimo anno, innescate da una proposta di estendere i trattati di estradizione, percepita come cessione di sovranità alla Cina. Oggi la proposta è accantonata dal governo; le domande della protesta sono amnistia per i reati commessi negli scontri, e un suffragio universale che allenti la mano di Pechino. Le elezioni di novembre suggeriscono che nella città la protesta sia vista prevalentemente con simpatia, anche se i votanti non sono stati molti.

Ma a protestare sono gli studenti universitari figli di una classe media schiacciata fra l'estrema ricchezza dell'élite e un popolo minuto che a me è sembrato più preoccupato che non succedano troppi guai che non d'altro. La classe media è in difficoltà anche nella ricchissima Hong Kong: come ovunque nel pianeta, l'arricchimento in corso beneficia i più poveri e i più ricchi. A Hong Kong la pressione sui giovani è enorme: il costo delle abitazioni per esempio è proibitivo, fra i più alti del mondo. Il ruolo economico storico della città è in dubbio, anche per le tensioni fra Cina e America. Nonostante la grande ricchezza della città, i giovani della classe media di Hong Kong sono pessimisti, come tanti loro simili altrove nel mondo.

Le élite mantengono una posizione ambigua. Capiscono che la città non può sfidare la Cina, che la considera sua provincia. Pechino tiene seimila soldati in una base entro i confini di Hong Kong, e, per chiarezza, ha svolto esercitazioni anti-sommossa con altre migliaia di soldati appena fuori confine. Ma la Cina è anche opportunità: Hong Kong è adiacente alla Greater Bay Area, una delle aree di più rapido sviluppo economico del pianeta. D'altra parte, una componente dell'élite teme il centralismo cinese. Qualcuno ha notato che l'assenza di estradizione fa comodo, nel selvaggio mondo degli affari. Se parte dell'establishment invita i giovani alla calma, un'altra parte, compresi i mezzi di informazione di proprietà di magnati locali, soffia sul fuoco della protesta.

Taiwan, sotto pressione da Pechino, ha interesse a mostrare che il principio «un Paese due sistemi» non funziona. L'Occidente è felicissimo di agitare la propaganda ideologica anti-cinese «pro-democrazia».

L'Occidente detesta la democrazia quando i popoli votano partiti antioccidentali, come in Algeria, Egitto, Palestina, Sud o Centroamerica, e non esita a mandare eserciti, o sabotare governi eletti democraticamente quando non sono filo-occidentali; ma celebra con entusiasmo la democrazia quando è arma ideologica contro i suoi avversari. I media occidentali si sono schierati dalla parte delle proteste, presentate in un'aura edulcorata: si sa molto della brutalità della polizia (vera), poco delle devastazioni e delle violenze (altrettanto vere). Un solo esempio: l'11 novembre dei dimostranti hanno dato fuoco a un passante che li rimproverava; pochi media occidentali riportano questa parte della storia (tra questi il «Corriere»).

La Cina ha un miliardo di abitanti. Ha avuto un successo unico nel sollevare centinaia di milioni di persone dalla povertà estrema, ma rimane un Paese mediamente povero. Il prodotto pro capite di Hong Kong è quasi quattro volte quello della Cina. La lettura più diretta delle proteste, al di là delle belle parole dell'ideologia, è semplicissima: Hong Kong è un angolo di Cina reso ricco da accidentali circostanze della storia, e teme di perdere privilegi.

Ma è altro che mi ha colpito, nei miei brevi giorni nella città-stato. Gli abitanti sono cinesi. Parlano la lingua del Sud della Cina, mangiano gli stessi cibi, hanno le stesse abitudini. Questo, su cui ha sempre giocato politicamente Pechino, era ovvio per tutti. Ma l'ultimo anno ha cambiato qualcosa. Gli studenti di Hong Kong dichiarano ora con fierezza di non essere cinesi.

C'è di più. Oggi chi è nato nel continente si sente malvisto a Hong Kong; arriva ad avere paura. Ho parlato con studenti che preferivano non dire che venivano dal continente. La protesta ha preso carattere identitario. Negozi e banche di proprietà cinese sono stati vandalizzati e bruciati. Gli studenti del continente sono scappati, temendo per la loro incolumità. Sono state allestite navi per portarli via. Ha giocato anche il fatto che alle università della ricca Hong Kong arrivano facilmente i giovani locali, mentre gli studenti del continente che vi accedono sono molto selezionati, quindi brillanti. La differenza di qualità che ne risulta genera risentimento.

Non ho abbastanza conoscenze per esprimere giudizi. Queste righe sono solo appunti di viaggio. Non ho alcuna simpatia per gli aspetti illiberali e totalitari del sistema politico di Pechino. Il «Corriere» pubblica mie opinioni: a Pechino il «Quotidiano del popolo» non farebbe altrettanto. Ma oggi quello che si legge sui muri di Hong Kong è: «Io non sono cinese».

Nelle parole sui muri non ci sono sogni di società più giusta e più libera; c'è rabbia contro un altro popolo, quattro volte più povero, che rischia di incrinare privilegi. Più che «democrazia» e «amore per la libertà», quello che ho sentito soffiare a Hong Kong è una intensa vena di nazionalismo, che risuona con il peggio di quanto accade in tante parti del mondo.

L'umanità è sempre più ricca. È sul punto di affrontare sfide ambientali esistenziali; nel momento in cui è essenziale collaborare, riconoscerci fratelli su una stessa barca, l'unica cosa per cui ci entusiasmiamo è dividerci in gruppetti sempre più frantumati, pur di difendere piccoli privilegi locali. Invece di guardare ingiustizie o orrori di cui siamo complici, ci scandalizziamo per quelli dei nostri avversari. Pensavo di arrivare a Hong Kong e assaporare un vento di libertà, giustizia, ribellione contro l'oppressione, difesa degli oppressi contro gli oppressori. Non sono sicuro di averlo sentito.

Gli altri afghani

25 agosto 2021. *

La vittoria dei talebani contro l'America e i suoi alleati è bruciante per i perdenti. L'emozione che la sconfitta ha suscitato in Occidente è comprensibile. Ma trovo che ci siano aspetti nella narrazione degli eventi delle ultime settimane che disturbano.

Il primo è un argomento che abbiamo ascoltato ripetutamente: gli occidentali speravano che il governo afghano resistesse alla pressione dei talebani per «almeno un anno o due». A una breve riflessione, l'argomento sembra inquietante. L'Occidente sperava che perdurasse una guerra civile *comunque persa*, che durante gli ultimi venti anni ha fatto una media di diecimila morti all'anno?

La rapida avanzata dei talebani ha evitato la continuazione del massacro. Che piaccia o no, ha portato la pace, magari una pace povera, ma pur sempre la fine dei massacri, in un Paese dove l'anno scorso il solo esercito americano ha ucciso, secondo una notizia pubblicata la setti-

* Articolo inedito.

mana scorsa dal «New York Times», circa settecento civili. Che senso avrebbe avuto continuare un'occupazione militare il cui prezzo era una simile continua carneficina di civili? Che senso aveva sperare che una guerra civile *data comunque per persa* continuasse ancora?

C'è altro. Le televisioni hanno mostrato le scene di disperazione all'aeroporto di Kabul. Ci siamo commossi. Ma l'aeroporto di Kabul non è l'Afghanistan. Le persone che abbiamo visto angosciarsi all'aeroporto sono la minuscola minoranza di afghani che aveva collaborato con gli occidentali, e che ha i mezzi per pagarsi un volo verso il ricco Occidente. L'Afghanistan è un Paese poverissimo con un prodotto lordo pro capite sotto i cinquecento dollari. La maggioranza dei suoi trenta milioni di abitanti forse ha una prospettiva diversa. Non erano certo all'aeroporto a sventolare denaro per comperare un biglietto per gli Stati Uniti.

L'Afghanistan è un Paese nutrito di guerra, dove da secoli nessuno è riuscito a imporre il dominio con la forza. Un Paese montagnoso e duro, dove ogni valle ha uomini armati che combattono spesso in modo indipendente. Nessuna forza ha potuto prenderne il controllo senza l'appoggio della popolazione. Se i talebani hanno preso il controllo dell'intero territorio in poche settimane, senza avere mezzi pesanti, senza aerei o armamento moderno, combattendo un esercito ufficiale sei volte più numeroso e riccamente equipaggiato dall'Occidente, la spiegazione possibile è una sola: avevano il supporto della gente.

Certo le centoventitremila persone evacuate nelle drammatiche settimane finali della guerra erano terrorizzate dai talebani. È comprensibile: sappiamo tutti che alla fine delle guerre civili la parte che perde è in enorme difficoltà, ancor più se ha collaborato con un invasore straniero. Ma prima della presa del Paese da parte dei talebani c'erano già due milioni e trecentomila afghani rifugiati nei Paesi limitrofi, fuggiti alla violenza della guerra civile; e altri tre milioni che sono dovuti scappare dalle loro case, spostati all'interno del Paese. Non per timore dei talebani: a causa di una guerra civile con diversi attori, che ha fatto duecentomila morti, innescata da un'invasione straniera in un Paese la cui ideologia non ci piaceva per nulla, ma che era sostanzialmente in pace. Perché non ci commuoviamo per quei cinque milioni e mezzo di esseri umani? Forse perché quelli da cui scappavano non sono quelli che ci hanno sconfitto?

Se ci si sintonizza su mezzi di informazione diversi da quelli occidentali, in questi giorni, non è difficile trovare reportage in diretta di giornalisti in città afghane come Jalalabad, controllata da tempo dai talebani. La gente per strada dice di apprezzare il ritorno della sicurezza e della pace. Non solo: insiste anche sul fatto che i talebani hanno eradicato il principale male del governo filo-occidentale: un insostenibile livello di corruzione, del resto riconosciuto da tutti. Un governo che era talmente inviso alla popolazione locale che un esercito di trecentomila uomini perfettamente equipaggiato ha preferito sciogliersi al sole piuttosto che difenderlo, in uno dei Paesi del mondo più abituati a combattere.

D'altra parte: venti anni di occupazione occidentale, per produrre un Paese corrotto con un reddito medio di cinquecento dollari e un analfabetismo femminile a quindici anni al 70%? È questo che ha saputo portare l'Occidente civilizzatore?

Penso ci dovremmo vergognare dell'ipocrisia con cui coloriamo di belle parole una sfrontata proiezione di forza. L'insuccesso rende l'ipocrisia evidente. Per coprirla, starnazziamo come gallinelle su quanto sono cattivi i talebani.

Nei giorni dell'angoscia all'aeroporto di Kabul, siamo arrivati a sentire la notizia che i talebani sono talmente cattivi e spaventavano tanto la gente che i soldati americani hanno dovuto ammazzare qualche civile afghano. I talebani sono così cattivi che gli americani devono ammazzare civili. I talebani sono così cattivi che gli americani hanno dovuto distruggere la base dove loro (gli americani) usavano la tortura («New York Times», la settimana scorsa), altrimenti magari ai talebani, nella loro tremenda cattiveria, sarebbe potuto venire qualche pensiero di vendetta.

Ci indigniamo, del tutto giustamente, per le bambine che non vanno a scuola, e in generale per la situazione delle donne. Ma perché ci indigniamo solo per le donne afghane? Sono diversi i Paesi del mondo dove questo succede, alcuni dei quali sono solidi alleati dell'Occidente, e i nostri governi si guardano bene dal dire qualcosa su come sono trattate le donne. Su alcune questioni di genere siamo addirittura a rimorchio dell'Islam: l'islamissimo Pakistan si è fatto governare a lungo da una donna, e così lo Sri Lanka fin dai primi Sessanta. L'America e la Francia, femministe a belle parole, cosa aspettano, più di mezzo secolo dopo?* Sono le donne afghane che hanno il compito difficile di cambiare il loro mondo: invadere il loro Paese per venti anni e massacrare i loro figli e fratelli non è un modo per aiutarle, e non le ha aiutate.

* Anche se non condivido le idee politiche dell'attuale premier in Italia, sono felice di poter togliere l'Italia da questa lista.

In questi giorni mi hanno colpito le immagini che ci arrivano dei talebani che stanno prendendo i palazzi del potere a Kabul. Ricordo altre immagini di prese di potere, in altri Paesi, piene di uomini festanti che sparavano in aria e ballavano di gioia. Non qui. Poche manifestazioni di gioia, per una forza politica e militare che ha vinto una guerra di vent'anni. Volti severi. Uomini che pregano. Vestiti poveri da combattenti che sembrano fuori luogo nei palazzi ricchi del potere. È chiaro che sanno bene di avere un compito difficilissimo davanti a loro. Non tutta l'élite di Kabul è fuggita: il ministro della Sanità per esempio, Wahid Majrooh, si è rifiutato di fuggire con il presidente. È rimasto al suo posto, perché gli ospedali restassero funzionanti. Ha accolto il commissario per la Salute dei talebani, e i due hanno visitato insieme gli ospedali nei quartieri di Kabul, per rassicurare la popolazione. A Kabul esiste anche un ministero per la Pace.

Certo i talebani non instaureranno una democrazia. Le loro idee non mi piacciono per nulla. Ma sono una democrazia l'Arabia Saudita, il Marocco, la Giordania o Singapore, tutti nostri solidi alleati? I militari americani hanno lavorato in stretta collaborazione con i talebani per gestire le ultime settimane a Kabul. Entrambi sanno di avere un nemico comune: Daesh, l'islamismo internazionalista puro e duro, che vede malissimo il nazionalismo talebano e considera i talebani compromessi con l'Occidente, non completamente a torto, dal loro punto di vista.

Invece di commuoverci per i ricchi di Kabul che non possono realizzare il loro sogno di venire nella ricchezza, sogno condiviso in tutti i Paesi poveri del mondo, penso che dovremmo commuoverci per i milioni di afghani massacrati e ridotti in miseria da questa guerra insensata scatenata e sostenuta dopo le Torri gemelle – per cieca vendetta – dai nostri governanti. Ci dovremmo commuovere per quelli che hanno avuto figli, fratelli, sorelle e genitori morti o menomati dalle bombe dei talebani, di Daesh, degli occidentali, bombe che fanno tutte egualmente male, chiunque le faccia esplodere. Ci dovremmo commuovere per un Paese ridotto in rovina dall'idea che brutalità e violenza possano risolvere le cose.

I talebani hanno ripreso il potere? Sono passati vent'anni dalla loro breve e pessima esperienza di governo. Io non avrei votato per loro, ma gli afghani hanno preferito loro a una potenza militare occupante e al governo corrotto che questa sosteneva. È davvero così sorprendente? I vietnamiti, e tanti altri popoli, hanno fatto scelte simili. Il popolo afghano è indomito, ha cacciato gli inglesi, i russi, ora gli americani. Saprà trovare la sua strada, pian piano, certo sbagliando, e speriamo correggendosi. Dimentichiamo il nostro orgoglio occidentale ferito, e diamo una mano a trentacinque milioni di fratelli e sorelle in miseria in un Paese forse finalmente in pace, ma distrutto. Anche da noi.*

* Sono passati due anni da questo articolo. Non è andata come speravo. Non solo nessuno aiuta l'Afghanistan sofferente, ma addirittura gli americani hanno trattenuto le riserve del governo afghano depositate nelle loro banche. Hanno invaso il Paese, lo hanno distrutto, hanno fatto centinaia di migliaia di morti, hanno perso la guerra, e alla fine sono scappati con i soldi.

L'idea della legalità internazionale

«Il Fatto Quotidiano», 25 novembre 2022.

Le guerre illegali della Nato, di Daniele Ganser, penso sia un libro che tutti dovrebbero leggere. Almeno, tutti dovrebbero conoscere quello che il libro mostra con semplicità e chiarezza. Con tono preoccupato ma sereno, pacato, fattuale, senza retorica, senza aggressività, quasi con ingenuità, e con la precisione e la puntigliosità per le quali ammiro la cultura svizzera, l'autore ci racconta nei dettagli un fatto semplice, ma importante: l'umanità ha fatto uno sforzo per fondare una legalità internazionale che riduca la catastrofe delle guerre, e chi ha maggiormente calpestato e ostacolato questa legalità internazionale è l'Occidente, dominato dagli Stati Uniti, che si è arrogato e si arroga oggi con la forza il diritto all'illegalità e all'impunità.

Non è certo stato *solo* l'Occidente a rompere e calpestare la legalità internazionale. Il mondo non è un balletto di educande, e la violenza illegale è stata ripetutamente usata da molti governi. Ma la sproporzione è lampante: nell'equilibrio generale, è stato l'Occidente, soprattutto, a demolire il progetto illuminato di stabilire e proteggere una legalità internazionale.

Per alcuni scoprire questo fatto è un'ovvietà, per altri è una sorpresa. Per tutti, secondo me, è importante riconoscerlo e riflettere sulla sua rilevanza e le sue implicazioni, per due motivi, entrambi seri.

Il primo è perché in Occidente siamo immersi in una narrazione basata sull'ipocrisia. Usiamo sempre il termine «comunità internazionale» per designare i nostri interessi di parte. Ci raccontiamo che noi occidentali siamo dalla parte della giustizia e della legalità. Qualunque Stato o organizzazione si venga a trovare in conflitto con noi è comunque designato come *rogue state* («Stato criminale») e accusato dal coro quasi unanime dei nostri politici e dei nostri media di essere illegale e delinquente. La realtà, alla fredda prova dei fatti, è il contrario: è l'Occidente, con il suo strapotere militare, a essere il più delle volte dalla parte dell'illegalità internazionale.

Questo fatto può piacere o non piacere, essere approvato o meno, ma ignorarlo consapevolmente è ipocrita, e ignorarlo inconsapevolmente ci porta a seri errori di giudizio.

La seconda ragione, a mio parere, è più importante. L'Occidente ha un dominio militare sul mondo molto marcato. Le sue spese militari sono molto superiori a quelle di tutto il resto del pianeta. Basti un dato: la spesa militare pro capite degli Stati Uniti è più di quattordici volte superiore a quella della Cina. Gli Stati Uniti, con meno del 4% degli abitanti del pianeta, coprono da soli il 40% delle spese militari globali. Sono un Paese sostanzialmente militare, come la Sparta della Grecia classica. Con i loro alleati, hanno una potenza militare esorbitante rispetto al resto del mondo. Questa potenza militare non è difensiva: le armate occidentali sono in tutto il pianeta, hanno basi ovunque, controllano tutti i mari. Dalla fine della Seconda guerra mondiale, hanno costantemente condotto guerre nel mondo intero. Nessun altro Paese fa nulla di simile.

Inizialmente questa superiorità militare si è appoggiata sulla potenza economica. Non più. Verso l'inizio del secolo scorso, l'Occidente (Nordamerica ed Europa, compreso il Regno Unito) generava l'80% della produzione di beni mondiale. Dominava economicamente il mondo. Oggi, grazie al lento processo della decolonizzazione e della diffusione della modernità tecnologica e culturale, la percentuale della produzione di beni generata dall'Occidente si è dimezzata. L'Occidente non è più l'economia dominante.

Anche culturalmente l'Occidente non è più dominante: altri Paesi fanno crescere il sapere scientifico e tecnologico, sperimentano nuove forme di organizzazione sociale e politica che ottengono sorprendenti successi, esprimono letterature, arti visive e forme culturali che oggi contribuiscono in pari maniera alla multiforme e integrata civiltà globale.

In marcata differenza da un secolo fa, l'Occidente rappresenta quindi, in termini di numero di abitanti, di economia e in termini culturali, solo una frazione, una frazione importante, ma una frazione, dell'umanità. La sola Cina o la sola India hanno ciascuna più abitanti dell'intero Occidente e la sola Cina ha un'economia comparabile a quella degli Stati Uniti.

Il fondamento rimasto per lo strapotere dell'Occidente sono le armi, e la costante volontà di usarle anche contro le decisioni delle Nazioni Unite. In altre parole: violenza e illegalità.

Quanto può durare? Non si comanda il mondo con le sole portaerei, quando non si ha più la forza economica per farlo.

L'Occidente è il mio mondo, la mia cultura, quella a cui tengo, quella che, per la mia storia, più apprezzo. A me sembra ovvio che se fosse lungimirante l'Occidente lavorerebbe – per sé stesso e per il resto del mondo – per la stabilità e la legalità internazionale, per un mondo multipolare dove gli interessi degli altri siano presi in considerazione e le soluzioni siano cercate nella politica e non nelle armi.

Il libro di Daniele Ganser mostra in maniera inequivocabile che oggi non è così.

Io spero fortemente che l'Occidente si avveda che sta marciando a trombe sonanti verso un abisso, esca dalla cecità di non voler vedere che il suo potere è sempre più fragile, e non rimanga prigioniero in un'immagine di sé come «giusto dominatore», che ormai è non tanto ipocrita, quanto soprattutto velleitaria.

Siamo ancora in tempo per cercare di costruire una politica internazionale che sia ricerca di collaborazione e non lotta rapace per il predominio. Che sia basata sul riconoscimento e il rispetto reciproco, e non sul chiamare «avversario strategico», «Stato criminale», «autocrazia» o simili chiunque non si sottometta.

Siamo ancora in tempo per cercare di riconoscere che può esistere una legalità internazionale. Che la politica è per tutti meglio delle armi. Lo ripetono da tempo le persone più lungimiranti, dai politici più avveduti nel mondo ai grandi leader spirituali come il Dalai Lama e il Papa, fino a centinaia di milioni di semplici nel mondo che non ne possono più delle innumerevoli guerre scatenate illegalmente, come mostra questo libro, dall'Occidente.

Abbiamo imparato a vivere insieme – senza ammazzarci – all'interno di Stati sovrani, ma non abbiamo ancora imparato a vivere insieme – senza ammazzarci – fra Stati sovrani. Dobbiamo impararlo, per il bene di tutti.

Per farlo, il primo passo è riconoscere, come questo libretto mostra con lucida e serena chiarezza, che fino a oggi noi siamo stati non certo gli unici, ma certo i principali fuorilegge. Cosa stiamo aspettando?

Una proposta semplice per l'umanità

«Corriere della Sera», 14 dicembre 2021.

Cinquanta premi Nobel hanno firmato un appello con una proposta semplice e concreta rivolta all'umanità intera.* Fra i sostenitori della proposta il Dalai Lama, Nobel per la Pace.**

L'osservazione alla radice della proposta è che vi è consenso che l'umanità debba affrontare gravi sfide comuni come epidemie, riscaldamento globale e povertà estrema, e per affrontarle servono risorse, difficili da reperire. Tutti d'accordo sull'urgenza, ma come finanziare i passi necessari? La proposta dei Nobel indica una direzione per reperire una vasta quantità di risorse, basata su un'idea semplice di collaborazione.

La spesa militare mondiale è raddoppiata dal 2000, è in forte aumento in quasi tutti i Paesi del mondo, si sta avvici-

* *[N.d.R.: Rovelli è stato ideatore e promotore di questa iniziativa.]*

** Una lettera del segretario di Stato del Vaticano, che ringrazio di cuore, ricevuta dopo la pubblicazione di questo articolo, mi ha comunicato anche il sostegno del Papa.

nando a duemila miliardi di dollari all'anno.* I singoli governi aumentano le proprie spese militari perché altri, percepiti come avversari, lo fanno. Questo meccanismo di feedback negativo alimenta la corsa agli armamenti, con un costo immenso per tutti. Nello scenario peggiore, è un percorso che porta a conflitti devastanti. In quello migliore, è un colossale spreco di risorse che possono essere usate più saggiamente.

La proposta firmata dai cinquanta Nobel invita i governi a *negoziare* un accordo globale per una riduzione *bilanciata* delle spese militari del 2% all'anno per cinque anni.

Per ciascun Paese, la sicurezza non diminuirebbe, anzi aumenterebbe, perché i Paesi «avversari» ridurrebbero la loro capacità militare. Deterrenza ed equilibrio sono mantenuti. L'accordo contribuirebbe a ridurre l'animosità, diminuendo il rischio di guerra.

Accordi simili per limitare gli armamenti sono stati realizzati in passato. I trattati Salt e Start fra Stati Uniti e Unione Sovietica hanno ridotto il numero delle testate atomiche addirittura del 90%. Simili negoziati possono avere successo perché sono razionali: ogni attore beneficia della riduzione degli armamenti dei suoi avversari. L'umanità nel suo insieme ne beneficia. La collaborazione paga.

Data l'enorme mole delle spese militari, le risorse liberate da una piccola riduzione del 2% significa una liberazione di risorse vastissime. Questo «dividendo di pace» raggiungerebbe mille miliardi di dollari entro il 2030. Si tratta di una cifra molto superiore a quella totale che i Paesi destinano attualmente a tutti i programmi di cooperazione, comprese le Nazioni Unite e le sue agenzie.

* Alla pubblicazione di questo libro è salita a duemilacinquecento miliardi di dollari l'anno.

La proposta firmata dai cinquanta Nobel è che metà delle risorse liberate siano destinate a un fondo globale, sotto la supervisione delle Nazioni Unite, da utilizzare per affrontare i problemi comuni urgenti del pianeta: pandemie, cambiamenti climatici, povertà estrema. Un «Fondo Globale» di questo tipo, più piccolo, esiste già, e funziona egregiamente nella lotta contro le malattie.

L'altra metà delle ingenti risorse liberate dall'accordo resterebbe a disposizione dei singoli governi. Tutti i Paesi disporrebbero quindi di risorse fresche. Una parte di queste può essere utilizzata per convertire verso applicazioni pacifiche le capacità produttive e di ricerca delle industrie militari. La ricerca scientifica militare ha prodotto ricadute per la vita pacifica: questa stessa ricerca sarebbe molto più efficace se riorientata *direttamente* verso applicazioni pacifiche.

Esistono complicazioni tecniche, politiche e ideologiche che si frappongono a un accordo di questo genere. Ma gli ostacoli si possono superare, quando il vantaggio comune è così grande, se qualcuno si adopera per costruire un simile accordo. C'è un Paese che inizi a promuovere questa idea? L'Italia?

Il pianeta è piccolo, l'umanità è fragile, va incontro a rischi seri. Possiamo affrontarli lavorando insieme, nonostante le differenze. Tutto ciò che è stato realizzato nei secoli dall'umanità è stato ottenuto grazie alla collaborazione.

Le città italiane sono circondate da mura perché per secoli si sono fatte la guerra. Da quando non sono più in armi una contro l'altra, la vita nel Paese è migliore.

È il momento per l'umanità di cercare di fare lo stesso nel pianeta. La crescita recente della globalizzazione può avere costi e creare problemi, ma apre anche un'opportunità straordinaria: la collaborazione globale. È tempo che il dibattito pubblico si sposti dal tema della competizione – noi contro gli altri – al tema degli immensi vantaggi che possono venire solo dalla collaborazione. Ci auguriamo che la politica sappia ascoltare, e prendere iniziative che ci portino in questa direzione.

Il Sogno di Keplero

«La Lettura» del «Corriere della Sera», 16 luglio 2023.

«A 50.000 miglia tedesche, nella profondità dell'etere, si trova l'isola di Levania. Il passaggio da qui a là, o da laggiù verso la Terra, è praticabile assai di rado e, quando lo è, è agevole soltanto per la nostra gente [i demoni], mentre per gli uomini, che devono essere trasportati, è davvero difficilissimo e comporta un grave pericolo di vita. Non ammettiamo in questa comitiva nessuno che sia sedentario, o corpulento, o delicato, ma scegliamo piuttosto coloro che passano molto tempo a cavallo, o che di frequente viaggiano per nave fino alle Indie, e perciò sono abituati a nutrirsi con pan biscotto, aglio, pesce secco e cibi disgustosi. Apprezziamo, in particolare, quelle vecchiette rinsecchite per le quali è normale sin dalla fanciullezza cavalcare caproni notturni, o forconi, o mantelli consunti e spostarsi attraverso territori immensi. Nessun tedesco ci sembra adatto, mentre non disdegniamo le asciutte corporature degli spagnoli.» Così parla (in islandese) il demone che sta per accompagnare Duracoto, alter ego dell'autore, sulla Luna («Levania» è la Luna).

Insospettabile autore di questa prosa rutilante, che brilla di ironia e intelligenza, è Giovanni Keplero, gigante della grande rivoluzione scientifica del XVII secolo che ha aperto la porta alla modernità. Il testo è un piccolo libro che molti conoscono di nome ma pochi hanno letto, scritto e riscritto da Keplero lungo quasi quarant'anni, e pubblicato postumo con il titolo il *Somnium,* Sogno. Il *Somnium* racconta il viaggio sulla Luna del piccolo islandese Duracoto, accompagnato dalla madre, Fiolxhilde, che vive vendendo amuleti magici ai marinai, e ha accesso a un sapere esoterico grazie alla sua frequentazione di demoni che amano l'Islanda, dove «ci assistono gli spiriti più sapienti che, odiando la luce eccessiva delle altre terre e lo strepito degli uomini, sono attratti dalle nostre ombre e ci parlano con familiarità».

È uno di questi demoni («di tutti in assoluto è il più mite e innocuo»), evocato da Fiolxhilde «con ventuno lettere», a spiegare quanto riportato sopra con «il raschio di una voce balbuziente e rauca», e poi a guidare madre e figlio sulla Luna. Da lì, con straordinaria e scostante minuzia di particolari, Duracoto racconta il mondo visto dalla Luna, e soprattutto il firmamento visto da là: la Terra sospesa nel cielo sempre nello stesso punto, che si vede ruotare su sé stessa, il Sole che gira lentamente nel cielo dando luogo a giorni lunghi quanto una trentina dei giorni terrestri, le sottili variazioni di dimensione degli astri nel cielo, e via e via, innumerevoli dettagli, sempre più minuti, di una precisa astronomia lunare. La pignoleria è senza limiti: il testo, di neanche trenta pagine, ha duecentoventitré note.

Perché Keplero ha scritto questo strampalato *Somnium*, che mescola così sfacciatamente fiabesco e pedanteria, ironia e allegorie, Medioevo e Scienza Nova, matematica e irrazionalismo, astronomia e divertissement, e su cui è tornato a lavorare per tutta una vita?

Credo che per comprendere il senso del testo sia utile fare riferimento al grande fratello in spirito di Keplero: Galileo. Diversissimi per carattere e cultura, Keplero e Galileo sono i due uomini che sono riusciti a convincere un'umanità esterrefatta che, come aveva intuito Copernico quasi un secolo prima, la Terra non è il centro del cosmo e gira velocemente su sé stessa. Keplero, matematico nordico, ossessivo, tormentato, paranoico, ha scovato nelle pieghe di vaste e accuratissime osservazioni astronomiche il varco verso una matematica del cielo totalmente nuova. Galileo, spumeggiante, politico, attaccabrighe, rinascimentale e solare, ha visto con il cannocchiale cose che nessuno aveva mai visto, e ha saputo per primo vedere regole matematiche nei movimenti dei corpi sulla Terra. Pieni di ammirazione l'uno per l'altro, ma sempre lontani, e troppo diversi per capirsi, anche scientificamente, i due eroi della rivoluzione hanno fornito a Newton le due solide colonne su cui costruire la grande sintesi che è alla base della scienza moderna.

Ma entrambi avevano un problema. Lo stesso problema. L'idea che la Terra possa essere veramente in movimento rapido sotto i nostri piedi è talmente assurda e inconcepibile che ben poche persone erano disposte a prenderla in considerazione. Il grande ostacolo all'accettazione delle idee nuove, in altre parole, non era – non è – tanto la loro novità o stranezza: è la radicata difficoltà che abbiamo tutti noi a mettere in dubbio quanto ci appare ovvio. Quanto pensiamo di sapere già.

Galileo ha affrontato il problema di petto. Il suo grande libro, il *Dialogo sopra i due massimi sistemi del mondo*, è scritto per dimostrare che la Terra gira su sé stessa e attorno al Sole. Ma delle quattro giornate del *Dialogo*, solo la quarta è dedicata a questa dimostrazione (peraltro sbagliata).* Le prime tre giornate sono solo dedicate allo sforzo di fare accettare al lettore l'idea che sia possibile – che non sia inconcepibile – pensare che la Terra possa muoversi. Il difficile, come sa ogni bravo insegnante, non è insegnare il nuovo: è condurre chi ascolta a disimparare il vecchio.

E questo è esattamente quanto Keplero cerca di fare nel *Somnium*. Mostrare la possibilità che il nostro senso di cosa sia ovvio, e quindi certamente vero, si sbagli. Incapace della splendida prosa dell'italiano, senza la sua facilità di lingua e la sua capacità di vedere dentro la mente dei suoi lettori, Keplero si affida a quanto conosce, il mondo nordico di diavoli goffi e bizzarre streghe, per mettere in scena quello che tuttavia è un argomento strepitoso. Il vero argomento convincente. Certo quello che ha convinto lui. Prendiamo per buono, ci dice, quello che sappiamo su come noi vediamo Luna, Sole e astri girare attorno a noi. Sulla base di questa informazione, chiediamoci cosa vedremmo se fossimo sulla Luna.

L'esercizio di cambiare punto di vista, cambiare prospettiva, richiede intuizione geometrica e perizia matematica, e queste non mancano a Keplero. Il risultato è la possibilità di immaginare precisamente il sistema solare e le sue appa-

* Vedi a questo proposito l'articolo *Gli errori di Galileo* nelle pagine seguenti.

renze come appaiono dalla Luna. Ora immaginate di aver fatto questo esercizio con successo e per bene. Se lo abbiamo fatto, abbiamo ben compreso le strane apparenze che si hanno da un riferimento in moto. D'un tratto, come in una folgorazione, ci rendiamo allora conto che quello che vediamo dalla Terra potrebbe essere esattamente la stessa cosa: moti complessi osservati da un riferimento in moto. Se ci chiediamo abbastanza a fondo cosa si veda dalla Luna che gira, in altre parole, è poi immediato rendersi conto che quanto vediamo dalla Terra non sia affatto incompatibile con la possibilità che la Terra giri. Abbiamo preso coscienza direttamente della relatività delle apparenze, compresa la nostra.

In fondo è lo stesso argomento che usa Galileo quando ci dice che dentro una stanza in una nave che navighi a velocità costante in un mare senza onde non ci accorgeremmo del moto della nave, per convincerci che anche del moto della Terra potremmo semplicemente non accorgerci. Ma quanto più articolato, complesso e completo è l'argomento di Keplero, che ci porta sulla Luna, a vedere la Terra girare su sé stessa, e stare immobile sospesa in un punto arbitrario del cielo.

Il dialogo di Galileo, dalla bella prosa rinascimentale, è stato letto da tutti, è diventato il classico universale della rivoluzione scientifica. Il contorto e medievale sogno gotico di Keplero è rimasto una ignorata nota a piè di pagina nella storia della scienza.

Una parte di una parte: Ernst Mach

«La Lettura» del «Corriere della Sera», 13 ottobre 2019.

Forse qualcuno ricorda che si dice che un aereo vola a «mach-2», se viaggia a due volte la velocità del suono. Il nome dell'unità di misura «mach» onora Ernst Mach, fisico austriaco vissuto a cavallo fra l'Ottocento e il Novecento, che ha studiato, tra l'altro, le onde d'urto generate dal moto supersonico.

Ma Mach non si è occupato solo di fisica applicata. Ha scritto di storia e filosofia della scienza, difendendo una posizione filosofica chiamata empiriocriticismo. Le sue idee hanno avuto un'influenza sorprendentemente vasta arrivata in ambiti quanto mai lontani, con un impatto significativo su personaggi che vanno da Einstein a Musil, fino a Lenin.

Albert Einstein ha ripetutamente riconosciuto il suo debito verso Mach. La critica ai concetti di spazio e tempo newtoniani, sviluppata nel testo più rilevante di Mach, *La meccanica nel suo sviluppo storico-critico*, ha permesso a Einstein di superare lo schema di Newton. Una delle idee centrali di Mach è che la scienza si debba appoggiare solo su quantità osservabili; quest'idea è stata cruciale per Einstein per arrivare alla relatività speciale: la simultaneità, che non è direttamente osservabile, è solo un'approssimazione. Oggi gli studenti universitari di fisica che studiano la relatività generale conoscono il «principio di Mach»: il moto libero di un oggetto non è determinato da un'astratta struttura fissa dello spazio: è influenzato dalla distribuzione della materia dell'intero universo.

L'idea di restringere le basi della fisica alle sole quantità osservabili, liberando per quanto possibile l'indagine scientifica da assunzioni «metafisiche», è anche alla base del lavoro di Werner Heisenberg che ha aperto la strada alla meccanica quantistica. Le parole iniziali dell'articolo fondamentale di Heisenberg sull'argomento fanno diretto riferimento a idee di Mach. Mach ha quindi un'influenza diretta su entrambe le grandi rivoluzioni della fisica del ventesimo secolo.

Questa retorica «anti-metafisica» di Mach ha lasciato un'impronta duratura anche sulla filosofia contemporanea. La si ritrova identica, sotto la sua diretta influenza, nel «circolo di Vienna», in Wittgenstein, e quindi nel positivismo logico dell'inizio del secolo. Attraverso questo è arrivata a influenzare tutta la filosofia analitica contemporanea, che domina oggi in tanti dipartimenti di filosofia del mondo.

Idee di Mach hanno lasciato tracce importanti sulle neuroscienze. Mach è stato fra i primi a studiare sperimentalmente la percezione umana. Le «fasce di Mach» sono le bande che l'occhio immagina di vedere guardando un gradiente uniforme di colore. La sua enfasi sulla prospettiva visuale soggettiva la si ritrova in ricerche attuali sulla natura della coscienza. In una conferenza tenuta da Giulio Tononi, il noto scienziato italiano che studia la coscienza, per esempio, mi ha colpito il fatto che la prima immagine mostrata fosse presa dai lavori di Mach.

Ma l'influenza diretta delle idee di Mach va assai oltre il pur vasto campo delle scienze e della filosofia.

Su Mach ha scritto la tesi di dottorato Robert Musil, futuro autore di uno dei capolavori della lettura universale, *L'uomo senza qualità*. La tesi universitaria di Musil è una discussione appassionata dell'empiriocriticismo di Mach. Le idee che Musil dibatte nella tesi sono le stesse che agitano il protagonista del suo primo inquietante romanzo, *I turbamenti del giovane Törless*, e queste stesse idee si ritrovano poi in filigrana lungo l'intero svolgersi dell'*Uomo senza qualità*. Quello che fa di questo romanzo un capolavoro è anche l'intelligente e profonda consonanza con il mondo delle grandi questioni scientifiche e filosofiche in corso.

Ma non basta, e forse non siamo ancora arrivati alla parte più interessante.

Nel piccolo gruppo che riuscirà a portare la Russia alla Rivoluzione, vi erano inizialmente due leader particolarmente influenti: Vladimir Lenin e Aleksandr Bogdanov. Dei due, il più intellettuale e filosofo è Bogdanov, che elabora una teoria generale direttamente ispirata alle idee di Mach. Sulla sua scia cresce in Russia un movimento intellettuale ispirato a Mach, i «machisti». Lenin entra in competizione con Bogdanov e attacca lui e i machisti sia politicamente sia sul piano delle idee, scrivendo *Materialismo ed empiriocriticismo*, dove sostiene che le idee di Mach – e Bogdanov – sono contaminate dall'idealismo e per questo contrarie al corretto materialismo marxista.

Bogdanov risponde con una acuta critica che mette in luce gli aspetti metafisici del materialismo di Lenin (la materia è assunta a universale metafisico, indipendentemente dalla storia, dall'esperienza e dalla crescita del sapere scientifico) e denuncia il conseguente dogmatismo implicito nella posizione di Lenin. Secondo Bogdanov, questo dogmatismo teorico rischia di rovinare, congelandolo, il movimento reale di liberazione che prende vita con la rivoluzione sovietica. Lenin come sappiamo prevale, ma l'analisi di Bogdanov è profetica. Lo è rispetto allo sfumarsi del concetto di materia nella fisica fondamentale. Lo è ancor più rispetto al congelamento del movimento rivoluzionario di liberazione nell'Unione Sovietica staliniana.

Grandissima letteratura, grandissime questioni politiche, filosofia, scienze diverse si intrecciano intorno alle idee di Ernst Mach, in un esempio di clamorosa smentita di chi lamenta che scienze naturali e scienze umane non si parlino.

Ma quali sono queste idee, che hanno avuto così vasta eco? Mach, come ben argomenta Musil nella sua tesi, non è né sistematico né particolarmente coerente nella sua esposizione. Lavora principalmente traendo suggerimenti generali da esempi presi dalla storia della scienza. Ne è un esempio la sua analisi critica delle basi concettuali della fisica classica, che ha messo Einstein sulla strada giusta. Sono piuttosto tratti generali del suo pensiero a essere stati influenti.

La conoscenza è per Mach il tentativo di organizzare e riassumere le sensazioni in maniera economica, idea oggi attualissima e fertile negli studi sulla complessità e sulle basi fisiche della funzione del cervello. Come scrive Aldo Gargani, che in Italia si è occupato di lui, Mach non considera i concetti come schemi logici astratti, ma come risultato di un percorso che mira a «organizzare» per quanto possibile le rappresentazioni sensibili. Questa tesi (che ha avuto influenza diretta anche sull'altra radice della filosofia analitica contemporanea, il pragmatismo americano) radica il sapere nell'economia e nella storia e ne fa un'attività umana, concreta, senza possibilità di sfuggire ai limiti e alla parzialità della nostra specie; ma al contempo lo apre all'evoluzione e alla crescita. È questa idea che attira Bogdanov, che la legge come una versione particolarmente articolata e intelligente delle tesi di Marx e Engels sulla dipendenza della cultura dalla storia, e che farà dell'«organizzazione» il concetto fondamentale del suo pensiero.

Ma il punto chiave della visione di Mach è un radicale empirismo, mutuato dal filosofo tedesco Richard Avenarius, che non assume come punto di partenza né una realtà esterna oggettiva data, né un soggetto che percepisce e conosce, bensì le sole percezioni e sensazioni. L'atteggiamento dichiaratamente anti-metafisico del circolo di Vienna e del positivismo logico, i giganteschi passi avanti della fisica teorica dell'inizio del secolo, la nascita delle ricerche scientifiche sulle percezioni sono tutti direttamente influenzati da questo spirito. L'originalità di Avenarius e Mach è quella di individuare un livello capace di eliminare la separazione o la dualità fra mondo mentale e mondo materiale, identificandoli, e saltando oltre l'alternativa fra materialismo e idealismo, o fra oggetto e soggetto, in un modo comunque radicato nel linguaggio della scienza contemporanea.

Come Bogdanov chiarisce, Lenin non comprende questo aspetto sottile dell'empiriocriticismo, scambiandolo erroneamente per idealismo. Non è idealismo, tutt'altro, perché apre la strada alla naturalizzazione del soggetto della conoscenza. Per questo le idee di Mach, pur frammentarie e non sistematiche (o forse anche proprio perché frammentarie e non sistematiche), hanno avuto questa portata così ampia, e per questo, a me sembra, sono ancora fertili.

Come tutti i pensatori coraggiosi, Mach ha commesso anche errori clamorosi. Il più stupefacente è stato il suo rifiuto di prendere sul serio atomi e molecole, e la fisica di Maxwell, Planck e Boltzmann che assumeva l'esistenza degli atomi. Per il radicale empirismo di Mach, immaginare particelle di materia invisibili, come base per capire il calore o i legami chimici, suonava troppo come un'assunzione metafisica ingiustificata.

Si sbagliava. Era invece un'ottima ipotesi scientifica, più tardi splendidamente corroborata: oggi gli atomi li vediamo al microscopio. Anche il suo tentativo di liberarsi dalle rigidità aveva finito con l'essere troppo rigido. Aveva ragione Bogdanov: ogni rigidità non è che temporanea; il movimento reale delle cose ci porta comunque a cambiare.

In Italia le Edizioni Lit hanno pubblicato due anni fa il testo di una breve e deliziosa conferenza di Mach, dal titolo *Perché l'uomo ha due occhi?*. Chiudo con le parole con cui Ernst Mach termina il libretto:

> Se ora dunque mi ripeterete la domanda perché l'uomo ha due occhi, io vi risponderò così. Perché possa osservare attentamente la natura, e comprenda che egli stesso con le sue opinioni vere o false, con la sua alta ideologia, non è altro che un piccolo e fugace fenomeno della natura. E che, per dirla con Mefistofele, non è che «una parte di una parte». E che è cosa assai assurda «che l'uomo, piccola parodia del mondo / si illuda di essere un mondo egli stesso» (Goethe).

Gli errori di Galileo

«La Lettura» del «Corriere della Sera», 6 febbraio 2022.

L'estate scorsa ho trascorso alcuni giorni a leggere il *Dialogo sopra i due massimi sistemi del mondo* di Galileo Galilei, in inglese e ad alta voce. Non per bizzarria, ma perché l'astrofisico Brian Keating ha avuto l'idea di realizzare in audiolibro la traduzione inglese del grande dialogo di Galileo, e mi ha proposto di leggere la parte di uno dei personaggi. L'accento italiano, a suo dire, avrebbe reso l'audiolibro più realistico per il pubblico anglofono.

Ho accettato a condizione di avere la parte di Salviati, il personaggio che espone le idee di Galileo, e quindi finisce per avere sempre ragione. Brian stesso legge la parte di Sagredo, il saggio amico che arbitra, e ovviamente dà ragione a Salviati; e Lucio Piccirillo, radioastronomo, più sportivo di me, legge la parte di Simplicio, il rappresentante degli aristotelici che difendono il modello tolemaico con la Terra al centro dell'universo, che dal dialogo esce a pezzi. Fabiola Gianotti legge la breve introduzione di Galileo.

Leggere il libro dall'inizio alla fine in inglese è stata una fatica, ci sono pagine tecniche e noiose, ma la fatica è stata ripagata dalla gioia dell'immersione in quello che è uno dei più importanti libri dell'umanità. Uno scintillare di intelligenza e brio. È il libro con cui Galileo ha fatto trionfare il copernicanesimo, che giaceva pressoché ignorato da oltre un secolo.

Il libro, insomma, per mezzo del quale queste creaturine sventate che siamo noi si sono finalmente rese conto di non vivere al centro dell'universo ma di stare su una grande pietra che rotola vorticosamente su sé stessa e attorno al Sole, come tante altre.

Non è stato facile convincere l'umanità. Galileo vi ha rischiato la vita e ha finito i suoi giorni agli arresti domiciliari per averlo fatto, facendo imbufalire il papato. Come ha fatto a convincere?

Il libro è uno straordinario esercizio di retorica, nel senso più nobile della parola. Il dialogo è spesso vivace e accattivante, la lingua ricca e molto bella (la scrittura di Galileo è stata lodata dai grandi critici classici della letteratura italiana, da Francesco De Sanctis, che ne giudica la concretezza «l'ultima perfezione della prosa», a Natalino Sapegno). Le argomentazioni sono variegate, piene di esempi concreti e sempre tese alla chiarezza («D'altro più non si cura fuorché d'essere inteso» scrive Giuseppe Parini). Galileo ha una vastissima e multiforme cultura, profondamente rinascimentale, che spazia fra scienza, musica, saper fare manuale, e letteratura.

Ma la vera forza retorica del libro sta nell'acuta consapevolezza di Galileo del fatto che la tesi che sostiene è profondamente controintuitiva e cozza con quanto appare ovvio, palese, a tutti. Galileo fa finta di combattere contro quei parrucconi residuati del passato che sono gli aristotelici che difendono il vecchio sistema tolemaico, ma sa bene che sta combattendo contro un drago ben più possente e micidiale: il senso comune.

Come si fa a convincere l'umanità intera che la Terra sulla quale tiene i piedi, così palesemente immobile, si sta in realtà muovendo a decine di miglia al secondo, trascinata in una corsa pazza? Come si fa a convincere tutti che bisogna ri-categorizzare la realtà: non più «cose qui sulla Terra» da una parte e «astri celesti» dall'altra, bensì «Sole» da una parte e «pianeti» dall'altra, levando la Terra dalla sua posizione ovvia, e il Sole dalla famiglia degli astri, mettendo la Terra alla stregua di quei puntini vaganti del cielo come Venere e Marte, e lasciando curiosamente là fuori la Luna, a fare categoria a sé? (E grazie al cielo Galileo aveva almeno visto nel cannocchiale le lune di Giove, così da attenuare questo imbarazzo per Copernico: la Luna tutta sola.)

Come si fa a convincere tutti che il cielo che vediamo girare ogni giorno sopra la nostra testa, il Sole e la Luna che vediamo sorgere e tramontare, in realtà non sorgono e non tramontano, siamo noi che facciamo capriole? Come si fa a convincere l'umanità intera che «muoversi» è una nozione così profondamente ambigua?

Ci vogliono pazienza, lentezza, esempi. Prendere una a una le argomentazioni che argomentano l'ovvio, e una a una smontarle piano piano. Mostrare che non sono così solide come sembra palese siano. È uno sforzo mentale immenso, che Galileo intraprende in profonda solitudine. A parte Keplero, nessuno dei pochi astronomi che avevano provato a seguire Copernico aveva in fondo avuto il coraggio di prenderlo così sul serio, e dire a tutti che la Terra sta davvero girando.

Ci sono brani rimasti celebri nella storia della scienza. Forse il più bello è la descrizione dei fenomeni che si possono osservare in una cabina di una nave che naviga in mare tranquillo: nulla indica che la nave si stia muovendo.

> Rinserratevi con qualche amico nella maggiore stanza che sia sotto coverta di alcun gran navilio, e quivi fate d'aver mosche, farfalle e simili animaletti volanti: siavi anco un gran vaso d'acqua, e dentrovi de' pescetti; sospendasi anco in alto qualche secchiello, che a goccia a goccia vada versando dell'acqua in un altro vaso di angusta bocca che sia posto a basso; e stando ferma la nave, osservate diligentemente come quelli animaletti volanti con pari velocità vanno verso tutte le parti della stanza... Osservate che avrete diligentemente tutte queste cose, benché niun dubbio ci sia mentre il vascello sta fermo non debbano succedere così: fate muovere la nave con quanta si voglia velocità; ché (pur di moto uniforme e non fluttuante in qua e in là) voi non riconoscerete una minima mutazione in tutti li nominati effetti; né da alcuno di quelli potrete comprendere se la nave cammina, o pure sta ferma...

Se dentro una nave che si muove non vi rendete conto che si muove, non vi viene forse il dubbio che anche in una Terra che si muova non vi rendereste conto che si muove? Questa è l'arte grande della retorica.

Il libro si divide in quattro giornate: i tre protagonisti si incontrano durante quattro giorni per discutere i due «massimi sistemi del mondo», tolemaico e copernicano. Nel corso di tre giornate, Salviati crea dubbi su tutte le obiezioni, una dopo l'altra, contro la possibilità che la terra giri. Questo sforzo estremo di Galileo di entrare nella mente del lettore e provare a scardinarvi ciò che il lettore considera più ovvio è il pathos di questo libro immenso, ed è il cuore di quella che a me sembra la scienza nel suo maggior fulgore: offrirci occhi profondamente nuovi per guardare il mondo.

Anche oggi è lo stesso: la scienza migliore si fa strada con difficoltà, contraddicendo ciò che ci sembra ovvio. Galileo ha aperto la strada.

E tutto questo, in un libro che in fondo, dal punto di vista scientifico, è totalmente sbagliato.

Nella quarta giornata, Galileo finalmente mette sul piatto (letteralmente, come vedremo) quella che dichiara essere la vera prova del fatto che la Terra ruota su sé stessa e intorno al Sole. La prova sarebbe questa: il movimento combinato della rotazione terrestre e dell'orbita della Terra intorno al Sole fa sì che i mari si muovano di un moto irregolare, che ora accelera e ora rallenta, e quindi ne agita le acque: e questo causerebbe le maree!

Salviati muove con le mani un piatto pieno d'acqua mimando questo moto irregolare, e l'acqua oscilla. Le maree darebbero dunque la prova definitiva che la Terra gira su sé stessa e intorno al Sole! La prova schiacciante che Copernico aveva ragione: a questa mira l'intero libro.

Brillante. Ma completamente sbagliato.

Se Galileo avesse ragionato meglio, si sarebbe reso conto che si stava contraddicendo: proprio i suoi argomenti delle giornate precedenti implicano che questa prova sia sbagliata: come per l'interno della cabina della nave, il moto orbitale della Terra non ha effetti osservabili. Oggi chiamiamo «invarianza galileiana» questa proprietà della natura ma lui, Galileo, a ben vedere, l'invarianza galileiana non l'aveva capita... Non sono questi moti a causare le maree.

Sarà solo Isaac Newton, nato un anno dopo la morte di Galileo, a comprendere cosa causa le maree: l'attrazione della gravità della Luna e del Sole.

E così anche uno dei più grandi libri dell'umanità è sbagliato, e proprio in quello che l'autore considerava il risultato centrale del libro.

Che piacere rileggerlo, nella sua abbacinante grandezza, nella sua scintillante lungimiranza, come nei suoi errori.

Roger Penrose

«Corriere della Sera», 7 ottobre 2020.

Il premio Nobel a Roger Penrose mi riempie di felicità. Roger è uno dei grandi scienziati viventi. È un genio poliedrico. I suoi lavori hanno aperto strade nuove sia per la matematica che per la fisica. Nel mio campo di studio, la gravità quantistica, per esempio, descriviamo gli stati quantici dello spaziotempo usando oggetti matematici inventati da Penrose, chiamati «reti di spin». Profondamente indipendente nel suo modo di pensare, Penrose si è tenuto lontano dalle mode scientifiche e dai grandi gruppi di potere scientifico.

Per me, rappresenta la scienza che più mi affascina: quella dell'intelligenza libera, indipendente, solitaria, spinta dalla curiosità, che apre prospettive nuove sul mondo.

Ma è anche una persona adorabile. Un inglese estremamente gentile, discreto, a cui, a quasi novant'anni, brillano gli occhi di passione quando parla delle sue nuove idee. Un modello di correttezza, disponibile, senza alcuna arroganza, a cui tutti vogliamo bene. Il suo Nobel premia questo modo antico di essere scienziato.

Riconosce anche l'estrema vitalità che ha oggi la fisica della gravitazione, la fisica del cosmo, la fisica dello spazio e del tempo. È solo di tre anni fa il Nobel per la rilevazione delle onde gravitazionali. Quest'anno, il premio a Penrose, Genzel e Ghez riconosce due passi chiave nella nostra comprensione dei buchi neri, gli oggetti più straordinari che abbiamo scoperto nell'universo, fatti solo dell'incurvarsi dello spazio e del tempo.

Penrose ha mostrato che la teoria di Einstein prevede che la formazione di questi oggetti sia difficile da evitare. Genzel e Ghez hanno fornito un'evidenza convincente della loro esistenza reale, fotografando il moto di un gruppo di stelle al centro della nostra galassia, e mostrando che queste danzano intorno al buco nero centrale, un mostro con quattro milioni di volte la massa del Sole, nello stesso modo in cui i pianeti del nostro piccolo sistema solare danzano attorno al nostro piccolo Sole.

Siamo sulle tracce di Galileo: le intuizioni e la matematica di uno scienziato di genio e il nostro sguardo che si apre verso l'universo, insieme, ci mostrano, intorno a noi, fenomeni straordinari e inaspettati.

Giorgio Parisi

«Corriere della Sera», 6 ottobre 2021.

Il Nobel a Giorgio Parisi premia uno scienziato straordinario, e conferma il livello stellare della scuola di fisica teorica italiana.

La vita scientifica di Parisi fiorisce all'interno della scuola di fisica di Roma, erede di Enrico Fermi, a contatto con i grandi fisici della generazione immediatamente precedente, come Nicola Cabibbo, Gianni Jona-Lasinio, Luciano Maiani, Guido Altarelli, tutti considerati meritevoli dell'attenzione dell'Accademia Svedese delle Scienze.

La fisica di Parisi è caratterizzata da quella capacità di muoversi fra campi diversi che è il marchio di un grandissimo scienziato; ma è anche espressione dell'aspetto migliore della cultura italiana: la capacità di guardare i problemi dall'alto, con lungimiranza, al di là delle specializzazioni, e anticipare le grandi direzioni di ricerca che si possono rivelare fertili.

Giorgio inizia la sua vita scientifica come fisico delle particelle, ma i suoi interessi spaziano presto dai fondamenti della meccanica quantistica ai primi super-calcolatori.

Negli anni Ottanta, con lungimiranza si allontana dalla fisica delle particelle e si sposta alla fisica statistica. In particolare la fisica dei sistemi complessi. È in questo campo che ottiene i risultati tecnici che gli conquistano la grande stima del mondo intero e il Nobel.

I sistemi complessi sono tutti quei sistemi che sono lontani da uno stato di equilibrio e in cui l'interazione di molti componenti individuali produce comportamenti globali difficili da prevedere. Sono ovunque intorno a noi, dal movimento dei fluidi al volo degli stormi di uccelli.

A Roma, l'immagine di Giorgio Parisi perso a osservare le fantastiche evoluzioni degli stormi di storni è rimasta mitica. Giorgio non ha mai nascosto, anzi ha spesso giocato con la sua immagine di genio un po' scompaginato nella vita. La sua stranezza, i suoi comportamenti maldestri, la sua sbadataggine sono leggendari. Le sue lezioni sono considerate dagli studenti insieme fra le più confuse e le più affascinanti.

Parisi esprime al meglio la complessità, la capacità di immaginare, la flessibilità e la libertà di pensiero che caratterizzano la cultura del nostro Paese. Grazie Giorgio, siamo tutti orgogliosi di te.

Roberto Calasso

«Corriere della Sera», 30 luglio 2021.

Roberto Calasso ha cambiato la mia vita. È stato il fascino del nome della sua Adelphi – la casa editrice che ha pubblicato metà dei libri che hanno segnato la mia formazione – a convincermi ad accettare la dubbia proposta di trasformare articoli di giornale in un libro.

Al nostro primo incontro, dopo che gli avevo mandato la prima stesura di quelle che sarebbero diventate le *Sette brevi lezioni di fisica*, nel suo grande studio nella casa editrice in via San Giovanni sul Muro, Roberto mi ha detto: «Carlo, ho letto quello che hai scritto. Mi piace. Qualunque cosa scrivi che ritieni importante, mandamela. Non pensare a scrivere libri che vendano, pensa solo se hai cose vere da dire: io te le pubblico». Era prima di qualunque anche minimo indizio di successo editoriale. È grazie a queste parole che ho potuto scrivere i libri che ho scritto.

Subito dopo ci siamo messi a parlare di idee, con lui era così. Roberto ha fatto riferimento a un passaggio delle Upanishad che amava particolarmente. Io lo conoscevo, anche a me era rimasto impresso, e ho completato a memoria la sua citazione. È stato l'inizio di una amicizia intellettuale intensa, un dialogo appassionato, una curiosità reciproca che non si è più interrotta.

I libri che ho scritto e abbiamo discusso insieme sono spesso emersi da nostri dialoghi occasionali, dalle sue domande, dallo stupore di riconoscere che ci ponevamo le stesse questioni. Siamo di generazioni diverse, abbiamo seguito percorsi intellettuali diversissimi, in campi del sapere quanto mai distanti e in Paesi diversi, eppure io ritrovavo in Roberto le stesse mie domande irrisolte, insieme a spunti di pensiero che mi spingevano in direzioni nuove. Cosa si può sperare di più dal proprio editore?

Lavorare insieme per costruire i libri è stato bellissimo. La cura straordinaria con cui faceva i libri è mitica. Per la scelta del punto di rosso della copertina dell'*Ordine del tempo*, mi ha spedito non so più quante prove, stampate su cartoncino, con sfumature di rosso leggerissimamente diverse, che io riuscivo appena a distinguere.

Spesso era guerra: convincere Adelphi ad aggiungere spazio fra i paragrafi, violando la tradizione (la tradizione è sacra in Adelphi), non è stato facile. Ho spesso perso: volevo il titolo di un mio libro in greco antico, non è passata.

Ma le scelte erano decise insieme: le sue critiche ai miei manoscritti erano intelligentissime e lungimiranti. L'ultimo libro che Roberto mi ha pubblicato, *Relatività generale*, è un testo universitario, non un libro per il grande pubblico. Pensavo di pubblicarlo solo in inglese, con un editore accademico. Roberto ha voluto pubblicarlo in italiano, anche se esce completamente dal terreno usuale di Adelphi. Per farlo ha creato una nuova collana, e ne ha fatto un libro per me bellissimo. L'ho preso come uno straordinario regalo. Davvero, cosa si può sperare di più dal proprio editore?

Qualche anno fa mi sono trovato a Londra nella immensa e luminosa sede di Penguin, una delle case editrici inglesi più importanti. Tutt'altra atmosfera che la minuscola sede di Adelphi in via San Giovanni sul Muro, dove mi ero chiesto se si scrivesse ancora con la penna d'oca. Parlando con gli editori inglesi con cui lavoro, brillantissimi e attivissimi, ho chiesto loro quale fosse il loro ideale di editore. Non hanno esitato: Roberto Calasso. L'ammirazione per quello che Roberto ha fatto per la cultura, nel senso più ricco di questo termine, viaggia lontano oltre confine.

D'altra parte, se da ragazzo non avessi letto i libri Adelphi che ho letto, il mio intero mondo intellettuale sarebbe diverso. Allora l'editoria era dominata dai pensieri cattolico e marxista. Per il resto, il resto più svariato, c'erano i colori pastello di quella fila di libri incantevoli nella forma e quanto mai diversi ma sempre profondi nel contenuto, che ancora nei miei scaffali tanto a Verona che a Marsiglia stanno, unico caso, riuniti per casa editrice.

E forse non dovrei dirlo, ma su una scrivania da Penguin c'è una cornice con una foto di un giovane ragazzo splendido, e sorridendo qualcuno mi ha detto che era Roberto da giovane.

Ci mancherai, Roberto. Il mondo ha bisogno di persone come te. Coraggiose, controcorrente, piene di intelligenza, di curiosità, di domande a cui non hanno risposta, che sanno aprire spazi nuovi al pensiero: organizzare la realtà per dare spazio perché il pensiero cresca e si diffonda. Grazie Roberto. Hai cambiato la vita a me e a tantissimi di noi.

Gino Strada

«Corriere della Sera», 3 marzo 2022.

Una persona alla volta, di Gino Strada, è un libro che vorrei leggessero tutti. Un testo che si dovrebbe far leggere nelle scuole.

È un libro diretto, sincero, che va al cuore del problema più importante che abbiamo oggi, e ci indica in maniera semplice come affrontarlo.

Ma è anche un libro inquietante, perché ci mette davanti agli occhi l'orrore, e perché ci mostra che stiamo sbagliando.

Gino Strada, fondatore di Emergency, l'organizzazione che cura i feriti di guerra in condizioni di emergenza, è scomparso l'anno scorso, lasciando un grande vuoto. Ha scritto questo volume un po' alla volta, nel corso dei suoi ultimi mesi. Simonetta Gola, la sua compagna, ha partecipato alla scrittura e ne ha curato la pubblicazione, completandolo con una struggente postfazione.

Nel libro, Strada racconta la sua vita di chirurgo di guerra, l'esperienza diretta e devastante della violenza, dell'orrore della guerra, il senso e lo spirito di Emergency e del suo attivismo.

Mi ha catturato fin dalle prime pagine, con la nostalgia di una generazione che viveva direttamente e semplicemente la bellezza e l'intensità dell'impegno collettivo civile e politico. Poi, è l'incontro con la sofferenza sconvolgente generata dalla guerra, che segna Strada e riorienta la sua vita, a emergere bruciante da queste pagine.

Ma la forza di questo libro è la chiarezza con cui il racconto di Strada ci indica implicitamente dove sbagliamo. In un mondo in cui continuiamo a pensarci in termini di noi-contro-loro, in cui da una parte come dall'altra non facciamo che incolparci l'un l'altro e ci stordiamo di narrazioni per raccontarci all'infinito quanto «gli altri» siano aggressivi, cattivi, orripilanti, incivili, malvagi, subdoli, diabolici, cinici, dittatoriali, senza scrupoli (non si parla d'altro in questi giorni), Strada vede solo esseri umani che soffrono, che si sparano l'un l'altro, che si massacrano, che si mutilano, che spargono dolore, per non arrivare mai a nulla.

Dobbiamo imparare a guardare il mondo come lui, pensarci come parte di un'unica comunità umana con problemi comuni, invece che continuare a struggerci per voler essere più forti degli altri. A crederci sempre i giusti.

Perché ci lasciamo sempre catturare da questa sciocca retorica della demonizzazione dei nostri nemici? Siamo davvero così ciechi, oppure è solo il nostro egoismo che non ha scrupoli né limiti, a seminare dolore per qualche lira in più?

In un caso o nell'altro, questo libro ci mette in discussione. Quanti bambini devono essere ancora straziati dalle bombe che noi produciamo e che non facciamo altro che gettare ovunque da decenni?

La forza del pensiero di Gino Strada è la connessione diretta fra la chiarezza del suo vasto sguardo politico, che vede il problema nella sua totalità, e l'estrema concretezza del suo impegno: una persona alla volta, curata da lui, e negli ospedali di Emergency, migliaia di singoli strappati, uno a uno, alla morte e alla sofferenza.

«"Ma come, Emergency cura i talebani? Il nemico?". Ebbene sì, noi curavamo anche i talebani. Li curiamo perché siamo esseri umani che si rifiutano di lasciar morire altri esseri umani. Curiamo i talebani come chiunque si presenti ai nostri cancelli, senza fare domande.»

Riuscirà la giovane generazione ad assorbire il pensiero di questo medico stupendo, libero, capace di andare per la sua strada, anche contro tutti, e per tutti? Riuscirà a portarci fuori da questa follia che è la guerra e la demonizzazione dei nemici? Lo so che molte persone della mia età scuoteranno la testa, ma io ci spero.

Simonetta chiude il libro così: «E dunque il pensiero è sempre con te, che con le tue parole continui ad aprire la strada a una visione potente: "L'utopia è solo qualcosa che ancora non c'è"».

Liliana Cavani

«Sette» del «Corriere della Sera», 25 agosto 2023.

Avevo diciassette anni quando andai a vedere *Il portiere di notte*. Il film mi colpì come mi fosse arrivato addosso una fucilata. Non tanto perché c'erano i temi più roventi: la guerra, il nazismo, la violenza, la sessualità, la trasgressione, la colpa, la vendetta, la morte, la fuga, l'uscita dalle convenzioni, il conflitto fra pulsioni assolute, e nulla trattato con l'usuale superficialità del cinema. E neppure per la sublime Charlotte Rampling. Per altro. Che forse allora non avrei saputo dire. Eppure faceva parte a fondo di quella cultura in cui stavo entrando, la stessa che Liliana aveva cantato qualche anno prima in quella cruda gemma che era stato *I cannibali*.

Ora, molti anni dopo, lo vedo meglio: *Il portiere di notte* dice quello che nessuno ha il coraggio di dire, smaschera tutte le ipocrisie, va diritto all'anima profonda, dove le convenzioni, le ideologie, le colpe, le morali, i ruoli sociali, non sono più nulla. Per un adolescente tormentato incapace di fare i conti con l'immensa ipocrisia del mondo, il film brillava di una purissima luce di verità. Da allora, se Charlotte è diventata confusamente fantasmatica, Liliana l'ho sentita sempre, da lontano, come un mio vero mito.

La stessa ricerca di quello che di essenziale sta nel fondo nella nostra anima ho continuato a ritrovarla lungo la filmografia successiva di Liliana. Io in realtà non amo molto il cinema. La grandissima maggioranza dei film mi sembra fatta solo per intrattenimento, per passare due ore, per distrarsi. Io per me non voglio essere intrattenuto: la vita brucia troppo per cercare di farla passare. Il cinema mi piace quando mi mostra qualcosa di nuovo, quando apre squarci, e questo sa fare Liliana.

Con Liliana fra i miei miti guida, potete immaginare come mi sono sentito quando qualcuno mi ha avvertito: «Lo sai, Liliana Cavani ha detto che le piacerebbe trarre un film da un tuo libro». E non da un mio libro qualunque. Da *L'ordine del tempo*, il mio libro più intimo, esistenziale, quello che ho spacciato per divulgazione scientifica su relatività, termodinamica e quanti di spazio ma è piuttosto il mio balbettare sul senso della vita e sulla consapevolezza dell'impermanenza.

Liliana ha colto quello a cui cercavo indirettamente di accennare, e vuole farne un film? Ma non è possibile trarre un film da un libro come *L'ordine del tempo*... È un libro senza personaggi, senza una storia, senza nulla di cinematografico...

Sono arrivato a casa di Liliana per la prima volta, in punta di piedi. Una bella casa a Roma, non lontano dal Tevere, in uno degli angoli più suggestivi della città. La grande sala, con i soffitti alti, piena di libri, con un meraviglioso profumo di antico. Abbiamo parlato poco: mi ha messo in mano dei fogli dattiloscritti con una prima versione della sceneggiatura, che stava componendo con Paolo Costello. Paolo era lì con noi, attento, pieno di intelligenza e dolcezza. Ho letto d'un fiato, stranito. Non c'entra nulla con il libro. Ci sono un gruppo d'amici, una casa sul mare... Sì, c'è un fisico, perfino con qualche cenno che ricorda me, c'è un evento che ha a che fare con la fisica, una complessa situazione di sfondo che in modo vago coinvolge la relatività, frasi, ma la storia è indipendente... Qual è il ruolo del libro? Perché Liliana mi sta chiedendo di collaborare alla sceneggiatura? Sono la persona meno creativa del mondo su queste cose, non riesco in alcun modo, da dialoghi su fogli dattiloscritti, a immaginare un mondo visuale... Rileggo ancora tutto dall'inizio e comincio a vedere cosa sta dietro ai dialoghi.

Ho dato i miei piccoli contributi alla stesura della sceneggiatura. Sono andato sul set a vedere le riprese, parlare con gli attori, meravigliosi, a farmi incantare dalla loro bravura, dal loro affiatamento, dalla loro generosità, a farmi cacciare via da Liliana ogni volta che mi impicciavo troppo e provavo a influenzare le scene, a confabulare con i personaggi straordinari che insieme creano la magia del cinema...

Fino al giorno in cui finalmente ho visto la prima versione del film completo, non ancora definitiva. E lì mi sono commosso fino alle lacrime. Perché ho ritrovato il filo di quel parlare profondo della vita, della morte, del tempo, della solitudine umana, della verità delle relazioni umane, che per me è stata sempre Liliana. Al di là delle ipocrisie, delle differenze, delle colpe, delle ideologie. Andare dritti alla situazione esistenziale, al tempo presente al di fuori del tempo, alle nostre domande ultime, in cui una strana combinazione di eventi porta un piccolo gruppo di amici, in una piccola casa sul mare, che diventa come un'arca di Noè, come quando ci ricordiamo che siamo per un attimo insieme su questa navicella spaziale lanciata fra le stelle.

Non ho più diciassette anni, da parecchio tempo, e Liliana non è più la ragazza indomabile, ribelle, assolutista, trasgressiva, durissima che era al tempo del *Portiere di notte*. Ancora irrisolto, ma quanto più sereno è ora lo sguardo sulla vita. Ma quanto sempre profondo, sempre al di là di ogni ipocrisia, è lo sguardo di Liliana. Ancora la vita brucia nel presente, al di fuori di ogni convenzionale, dentro questa variegata e intricata struttura che è il tempo: il tempo dei nostri ricordi, che ci definisce, dei nostri desideri, che ci trascina, dell'eterno presente in cui sempre siamo.

Brunetto Latini, Dante, Gauss e Einstein

«La Lettura» del «Corriere della Sera», 28 febbraio 2021.

Ho terminato in questi giorni la scrittura di un manualetto sulla relatività generale a cui lavoravo da alcuni anni, basato su un corso che tenevo negli Stati Uniti e poi in Francia.

La relatività generale, la grande teoria di Einstein, è stata spesso sulle prime pagine dei giornali negli ultimi anni: onde gravitazionali, buchi neri e diversi premi Nobel recenti. Ma non si può certo dire che la sua matematica sia di dominio pubblico. La difficoltà nell'insegnare, o per digerirla, è chiarire cosa sia uno «spazio curvo». Abbiamo tutti un'idea di cosa sia una superficie curva, per esempio la superficie di un'arancia; ma cosa significa dire che lo spazio in cui siamo immersi è curvo?

La possibilità di pensare spazi curvi nasce da una brillante idea matematica di Carl Friedrich Gauss, forse il più grande fra i matematici. L'idea di Gauss, vissuto nella prima metà dell'Ottocento, è di pensare alla geometria di una superficie guardandola «dal di dentro», invece che «dal di fuori». Cioè descrivendo cosa succede muovendosi sulla superficie stessa. Con questa logica si riesce a concepire anche uno spazio curvo.

Un esempio di spazio curvo pensato in questo modo è, sorprendentemente, nel *Paradiso* di Dante. La forma dell'universo descritta nel *Paradiso* è una tre-sfera: uno spazio curvo ben noto ai matematici. Sei secoli dopo Dante, Einstein ha pensato nuovamente che l'universo possa avere proprio la forma di una tre-sfera; oggi questa è considerata una possibilità realistica nella cosmologia moderna. Diversi anni fa, nel mio primo articolo scritto per il supplemento culturale di un quotidiano, ho raccontato questa stupefacente consonanza, nota nel mio mondo, fra l'immaginazione poetica del sommo poeta e l'immaginazione scientifico-matematica del grande scienziato della modernità.

Quello che non mi sarei mai aspettato, però, è che la pubblicazione dell'articolo mi mettesse sulla strada di un percorso di letture che passa per un delizioso dotto enciclopedico medievale – Brunetto Latini – e ritorna al principe dei matematici, Gauss, andando al cuore della matematica di Einstein. Vi racconto di questo viaggio.

Tutto nasce da un'obiezione che mi fece pervenire uno studioso di Dante dopo la pubblicazione del mio articolo. Nel *Paradiso*, Dante, accompagnato da Beatrice, sale uno dopo l'altro i «cieli» che circondano la Terra, fino al più alto. Per Aristotele, il mondo finisce lì: l'universo è una grande palla circondata dal cielo più alto: il bordo dell'universo. Arrivato a questo bordo dell'universo aristotelico, Dante («riguardando ne' belli occhi / onde a pigliarmi fece Amor la corda») vede riflessa negli occhi della donna che ama una luce che viene dall'alto. Si volta stupito verso l'alto per vedere da dove venga, e ha una visione grandiosa. Un punto di luce circondato da immense sfere di angeli. Il punto di luce, dice poi nel canto XXX, pare «inchiuso da quel ch'elli 'nchiude». Dove sta questo grandioso carosello celeste? Nel mio libro di scuola era disegnato accanto all'universo aristotelico. Alcuni commentatori lo pongono in un luogo «spirituale». Ma Dante dice che circonda l'universo aristotelico. Ma è anche circondato dall'universo aristotelico. Possibile? Per qualunque fisico che abbia studiato la cosmologia di Einstein, o matematico che abbia studiato la geometria di Gauss e Riemann, questa configurazione è familiare: è proprio una tre-sfera.

L'obiezione dello studioso di Dante, tuttavia, demoliva questa interpretazione: Dante, mi fece notare questo studioso, non parla di sfere, ma di cerchi. Dante, secondo lui, aveva in mente cerchi piatti, non sfere concentriche. Ho controllato, e in effetti Dante usa la parola «cerchi». Ma possibile che l'immaginazione geometrica di Dante fosse limitata al punto da pensare ai cieli, compreso il cielo delle stelle fisse, come cerchi piatti anziché sfere? Sono rimasto senza parole.

Poi mi sono proposto di investigare. Cosa sapeva Dante di astronomia? E così sono arrivato a Brunetto Latini. Di lui Dante parla con inusuale affetto e rispetto nell'*Inferno*. Gli si rivolge, inusualmente, con il «voi» e il titolo di «ser» («Siete voi qui, ser Brunetto?») e poco più avanti «la cara e buona imagine paterna / di voi, quando nel mondo, ad ora ad ora / m'insegnavate come l'uom s'eterna»); Brunetto gli risponde con un «tu» anch'esso pieno di affetto («O figliuol mio...»). Brunetto è certo stato una fonte centrale per il sapere di Dante.

Ora, Brunetto ci ha lasciato un delizioso trattato, intitolato *Li livres dou tresor*, o semplicemente il *Tresor*, che è un'enciclopedia ante litteram: una summa del sapere medievale, scritto in una gustosa lingua che suona a metà fra italiano e francese. L'ho letto con gran piacere, come un viaggio nel paese fiabesco del sapere medievale, cercando indizi, e li ho trovati. L'universo descritto da Brunetto è quello descritto da Dante, e Brunetto usa effettivamente anche «cerchio» (*cercle*) parlando dei cieli (più spesso dice che sono *ronde*).

Ma in un passo chiarisce cosa intende: del cielo più esterno scrive che *est autressi au monde comme l'escaille d'un euf qui enclost et enserre ce qui est dedanz*: «È rispetto al mondo come il guscio di un uovo, che racchiude e contiene cioè che è dentro». Non c'è dubbio quindi che le parole «ronde», «cercle» e «cerchio» indicano in questo caso sfere, non cerchi. Gusci, non anellini. La geometria intuitiva di Dante è realistica e coerente, non è piatta.

Ma la vera sorpresa è arrivata continuando a leggere Brunetto. In un capitolo, Brunetto spiega che la Terra è rotonda. Poca sorpresa fin qui: c'è scritto in tutti i testi antichi e medievali, da Aristotele a Tommaso d'Aquino (che proprio all'inizio della *Summa Theologiae* scrive *terra est rotunda*). Ma il modo in cui Brunetto spiega che la Terra è rotonda è sorprendente. Non scrive per esempio «immaginate di volare lontano e guardare la Terra: vedreste che è come un'arancia». No, fa tutt'altro discorso. Dice: immaginate un cavaliere che cavalchi sempre nella stessa direzione. Se non ci fossero montagne e mari, cavalca e cavalca, tornerebbe al punto di partenza. Oppure, immaginate due cavalieri che partano in direzioni diverse. Se non ci fossero montagne e mari, cavalca e cavalca, nonostante siano partiti in due direzioni diverse arriverebbero allo stesso punto: «dall'altra parte della Terra», agli antipodi, e si incontrerebbero là.

Perché Brunetto usa questo modo bizzarro per spiegare che la Terra è rotonda? Perché non scrive che la Terra è come un'arancia? Posso ipotizzare: se prendo in mano un'arancia, la sua superficie ha un sopra e un sotto. Se metto un sassolino sopra, resta lì. Se lo metto sotto, cade via dall'arancia. La Terra non è così: il «sotto» è sempre verso la Terra. I due cavalieri, che cavalcano, hanno sempre il «sotto» sotto i loro piedi. L'esempio dell'arancia è quindi fuorviante. È più preciso con i cavalieri.

Qualunque fosse la motivazione, resta il fatto chiave: Brunetto ha insegnato a Dante a pensare alla geometria della superficie della Terra (in matematica si chiama una «due-sfera») pensandola da dentro. Cioè in termini dell'esperienza di chi si muova su questa superficie. Non di chi la guardi da lontano, come guarderebbe la Terra chi la veda dalla Luna.

E questa – ricordate? – è esattamente la grande idea di Gauss: descrivere la geometria da dentro, non da fuori. In matematica, si chiama definizione «intrinseca» della geometria: la geometria definita solo dalle lunghezze delle linee in quella geometria stessa. D'un tratto questo chiarisce come Dante abbia potuto concepire una tre-sfera. Nel testo di Brunetto c'è precisamente lo strumento concettuale giusto: la descrizione della geometria della superficie della Terra in termini intrinseci, cioè data raccontando cosa succede a chi vi si muove sopra.

Generalizzare dalla superficie della Terra (una due-sfera) all'universo (una tre-sfera) non è allora poi così difficile: l'universo è uno spazio dove un cavaliere volante che voli sempre diritto ritorna al punto di partenza. Ovvero dove due cavalieri volanti che galoppino nel cielo in direzioni opposte si ritrovano all'altro lato del cosmo, agli antipodi. In qualunque direzione due cavalieri partano dalla Terra salendo verso il cielo, continuando sempre in alto i due arriveranno entrambi allo stesso punto: il punto di luce circondato da angeli, agli antipodi della Terra.

Andate al battistero di Firenze. Prima di essere esiliato dalla città amata e detestata, nel 1302, Dante deve averlo frequentato, mentre la sua decorazione veniva completata. Deve avere fatto profonda impressione su di lui, come fece su tutti i fiorentini, la grande opera architettonica. Andate all'interno. L'inferno del grottesco e favoloso mosaico realizzato su disegno di Coppo di Marcovaldo è stato spesso indicato come fonte d'ispirazione per Dante. Ma guardate in alto: c'è un punto di luce, circondato dalle gerarchie angeliche, le stesse elencate da Dante intorno al punto di luce agli antipodi dell'universo. Pensate di essere una formichina sul pavimento, e cominciate a camminare in una direzione qualunque. In qualunque direzione andiate, comincerete a salire i muri e finirete per arrivare comunque al punto di luce in alto, che è quindi in ogni direzione: circonda tutto. Ma allo stesso tempo, è circondato dai cerchi di angeli. È «inchiuso da quel ch'elli 'nchiude». Dante non ha fatto che prendere questa geometria chiusa e sferica ed estenderla all'universo intero, in tutte le direzioni possibili.

Facile? Sì, per un poeta immenso, con una visionaria immaginazione poetica e geometrica, una straordinaria intelligenza scientifica, e una cultura vasta ed estesa che comprendeva tutto il sapere del suo tempo. Per il poeta sommo che sta all'inizio della storia della lingua che parliamo, di cui quest'anno celebriamo il settimo centenario della dipartita, verso uno di quei caleidoscopici cieli pieni di luce colorata e di intelligenza di cui risplende il suo *Paradiso*.

L’esserci dell’ente

«La Lettura» del «Corriere della Sera», 6 dicembre 2020.

Nel mio vagabondare in terreni in cui non sono competente, ho passato l’estate immerso in una lettura difficile: *Essere e tempo*, il testo principale di Martin Heidegger, pubblicato 93 anni fa. A spingermi ad affrontare la lettura è stata la madornale discrepanza dei giudizi su Heidegger che incontro. In Europa l’ho visto presentato come grandissimo filosofo che ha ispirato una parte importante del pensiero dell’ultimo secolo. Negli Stati Uniti sono venuto in contatto con la parte della filosofia anglosassone che lo considera un cialtrone che parla oscuro per non dire niente che abbia senso. La differenza è talmente estrema che non ho resistito alla curiosità di andare a vedere di persona.

Diversi motivi mi hanno reso difficile avvicinarmi a Heidegger. Il primo è l’orrore per il suo esplicito supporto al progetto di Hitler e per il suo fosco antisemitismo, ovvio dai suoi *Quaderni neri*, pubblicati postumi pochi anni fa. Il secondo è il suo stile involuto e ampolloso, che di tutto dà l’impressione fuorché di volersi far capire.

Ma sono difficoltà superabili. Anche persone che detestiamo possono dire cose interessanti, e lo stile alla fine non si è rivelato poi così oscuro. Il libro ripete le stesse idee tante volte, e dopo un po' ci si comincia a orientare. Alla seconda lettura si segue.

Perlomeno, a me è sembrato di seguire. Questo mi basta, perché quello che trovo interessante nei testi è quanto ci comunicano, cioè quanto possiamo assorbirne che possa influenzare, aggiungere, modificare, controbattere, mettere in questione, e quindi arricchire il nostro pensiero. Cosa abbia autenticamente e precisamente voluto significare un autore, invece, è domanda, a mio vedere, di poco interesse. Comunque è destinata a restare insoddisfatta: non sapremo mai tutto dei pensieri di un altro. Ma non per questo non ci interessa ascoltare gli altri o imparare in un testo.

La vera difficoltà nel mettermi in relazione con *Essere e tempo*, piuttosto, è stata un'altra. La prospettiva filosofica in cui mi sono venuto a trovare io, che mi occupo di fisica, è radicalmente diversa dal luogo filosofico da cui parla Heidegger. In *Essere e tempo*, Heidegger asserisce di voler rifondare la metafisica da zero, scavalcando due millenni di filosofia occidentale; ma di fatto è figlio del suo tempo e rimane sotto la pesante influenza del grande idealismo tedesco, influenzato dal pensiero di Cartesio e poi di Kant. Questi hanno messo il soggetto – in particolare il soggetto della conoscenza – al centro della speculazione filosofica.

Per me questa prospettiva non è molto interessante, perché sono immerso nel naturalismo che domina il pensiero scientifico, per il quale il soggetto è solo una piccola parte della natura, una parte abbastanza marginale, nel grande gioco delle cose, che a noi interessa, sì, ma solo perché, appunto, ci riguarda. Al contrario, la realtà per Heidegger è prima di tutto affrontata come esperienza diretta di un soggetto singolo, ciascuno di noi, che conosce, vive, esiste.

Ora, l'intuizione su cui si fonda *Essere e tempo* – per come l'ho capita – è che questa esperienza diretta non sia solo una sorgente di informazione per ciò che possiamo sapere sul mondo, ma sia ciò che ci permette di comprendere cosa significhi «essere», nel senso di «esserci», «esistere». Ci permette di comprendere cosa significhi esistere, perché noi esistiamo, e questo è esistere.

C'è un salto radicale rispetto a Cartesio, Kant, o l'idealismo tedesco. Questi davano per scontato fosse chiaro cosa significhi che ci sia qualcosa; si chiedevano piuttosto come possiamo sapere cosa esiste, e per questo portavano l'attenzione su noi stessi come soggetto che conosce. Heidegger non dà per scontato che sia ovvio cosa significhi «esistere», e ripete la mossa di Cartesio di cercare evidenza a partire dal nostro stesso porre domande, ma non, come Cartesio, domande su cosa possiamo essere certi, bensì, in forma più radicale, su cosa significhi «essere».

Questo passaggio iniziale riduce la comprensione del significato di «essere» all'esistenza personale di chiunque ponga la domanda stessa di cosa significhi «essere». Quindi la comprensione dell'essere è riportata all'esserci dell'uomo (e qui non dico «donna»: sarebbe veramente tradire il linguaggio di Heidegger ancor più di quanto non stia già facendo). Per usare il suo linguaggio contorto: «l'essere è l'esserci dell'ente che pone la domanda dell'essere», cioè l'essere umano.

Per ridurre questa differenza di approccio a un'immagine semplicistica: io vedo la realtà come uno sterminato universo di galassie dove vicino a una stellina marginale è cresciuta una biosfera all'interno della quale ci sono organismi senzienti ed esseri umani che hanno sviluppato un complesso sistema culturale e una ricca capacità di riflettere il mondo; Heidegger vede un singolo essere umano con la sua diretta esperienza di esistere e interagire con qualcosa che è il mondo circostante per lui, fatto di cose che hanno rilevanza per lui. In uno slogan, io penso alla mia esperienza come un aspetto del mondo; Heidegger pensa al mondo come visto dalla sua esperienza.

Non potrebbero esserci punti di partenza più diversi. O almeno così sembra.

Ma – e questo è quanto vorrei provare a dire in questo articolo – sono punti di vista inconciliabili? Perché poi? Sono entrambi legittimi, mi sembra. Non vedo contraddizione fra loro. Sono modi diversi per *iniziare* a pensare. È come se due persone volessero descrivere una casa ed entrassero da due porte diverse. Il resoconto di ciascuno è comprensibile nei termini dell'altro, anche se i punti di partenza sono diversi. Non c'è, a me sembra, contraddizione fra lo sforzo heideggeriano di comprendere l'essere appoggiandosi sull'essere dell'ente che si pone la domanda dell'essere, e il naturalismo, in cui questo stesso essere (un essere umano) è un irrilevante guscetto particolare nel gran gioco della natura.

Detto questo, è chiaro che ho già tradito il filosofo, che forse mi toglierebbe la parola subito e mi guarderebbe con disprezzo, ricambiando il mio disprezzo per il suo razzismo. O forse no, magari sarebbe anche lui curioso, non ne ho idea. Ma questa è la prospettiva che ho finito per raggiungere, leggendo *Essere e tempo*, una prospettiva, permettetemi di ripeterlo, che temo farà orripilare qualche devoto heideggeriano.* Ma non devo passare un esame di filosofia. Ho un'età in cui posso provare a pensare quello che voglio.

Il punto è che ora *Essere e tempo* diventa per me straordinariamente interessante.

Perché è una genuina esplorazione della realtà come si manifesta al soggetto, piena di sorprese. Per esempio: per capire la relazione fra il soggetto e l'esterno non dobbiamo focalizzarci sulla conoscenza, come ha fatto, erroneamente – e qui Heidegger mi ha convinto –, tanta tradizione filosofica occidentale. Quello che conta è altro. Quello che conta, è, appunto, quello che conta per il soggetto. Il mondo «esterno» non è per noi soggetti ciò che vediamo, giusto perché sta là fuori. È fatto da ciò di cui ci prendiamo cura, di ciò che ha rilevanza per noi. Le cose che non hanno interesse per noi e sono là fuori, sono per noi un residuo, un prodotto di scarto, rispetto alle cose che invece hanno interesse. La trovo un'intuizione acuta e straordinaria.

Perché? Perché partendo da una prospettiva naturalistica è la soggettività che richiede sforzo per essere compresa. Da questa prospettiva la soggettività non è un dato di partenza: è il risultato di un processo complesso, il funzionamento di organismi biologici e in particolare del nostro cervello, che ancora capiamo poco. Per capirlo, ci siamo spesso concentrati sugli aspetti cognitivi della soggettività. Troppo, mi sembra. *Essere e tempo* apre una prospettiva molto più interessante: non sono gli aspetti cognitivi che fondano il rapporto fra il soggetto e il mondo; è la rilevanza per il soggetto.

La biologia è in grado di operare una riduzione naturalistica di questa rilevanza: questo è il risultato filosofico

* Così è successo.

profondo della rivoluzione darwiniana. Gli organismi biologici sono prodotti da catene di processi caratterizzate da aspetti che di fatto ne determinano sopravvivenza e riproduzione. Questi definiscono la rilevanza. Questa rilevanza – o, in termini heideggeriani, «cura» – è ciò che fonda la relazione fra soggetto e mondo.

Per Heidegger, che entra nella stanza della realtà dalla porta del soggetto, è come il mondo si presenta a noi. Per me, è un suggerimento acutissimo per comprendere come un soggetto possa essere apparso nel mondo. È la rilevanza darwiniana, la cura heideggeriana, la relazione che enuclea la distinzione fra soggetto e mondo.* Rispetto alla quale il mondo non è «altro», ma è costitutivo di quello che Heidegger chiama «l'essere-nel-mondo» del soggetto.

* * *

Nella parte finale di *Essere e tempo* si parla, appunto, di tempo. Heidegger fa due cose. Prima di tutto mette in discussione la nozione newtoniana di tempo come realtà a sé stante, e interpreta il tempo come l'avvenire degli eventi; poi, siccome per lui gli eventi sono esperienziali, lo riduce al tempo vissuto.

Ridurre il tempo all'avvenire degli eventi non è idea originale. È la concezione pre-newtoniana del tempo, come la si trova per esempio in Aristotele, che Heidegger ovviamente conosce bene. La scienza, nel frattempo, ha compiuto lo stesso passo: la concezione newtoniana del tempo

* Questo tema è stato sviluppato nel mio lavoro *Meaning and Intentionality = Information + Evolution*, in A. Aguirre, B. Foster, Z. Merali (eds), *Wandering Towards a Goal*, Springer 2018, arXiv:1611.02420.

come entità in sé è stata superata dalla fisica della relatività generale, che torna a una concezione del tempo come successione di accadimenti, vicina ad Aristotele. Niente di particolarmente interessante fin qui, dunque.

Ma la messa a fuoco dell'aspetto esperienziale del tempo, e soprattutto dell'aspetto temporale della nostra esperienza di soggetti, al contrario, l'ho trovata di grande interesse. Mi ha convinto del fatto che alcuni fra gli sforzi attuali nelle neuroscienze, che cercano di comprendere i meccanismi alla base della soggettività in termini di stati istantanei della coscienza, mancano dell'ingrediente essenziale: il tempo, appunto. La nostra coscienza, la nostra soggettività, non sono *stati*, sono *processi*. Noi siamo «esseri-nel-tempo». Ancora una volta, prima che sapere siamo sentire, emozione. Potrei continuare, ma il giornale non mi darà più spazio di così.

***

La filosofia è sempre una straordinaria sorgente di idee e prospettive. Il limite di tanta filosofia, a mio modestissimo giudizio, è solo il fatto di scambiare singole prospettive per l'unica «fondamentale», andando alla ricerca di certezze finali e «fondamenti». L'ambizione di individuare punti di partenza assoluti. Che poi regolarmente vengono rimessi in discussione nella generazione successiva. Io non credo che cercare fondamenti ultimi sia interessante. Che vuol dire, in fondo, «fondamentale»? Dipende dalla prospettiva che uno prende.

In Heidegger c'è in più lo sforzo di creare un'aura di profondità, cercare radici ultime alludendo a esperienze indicibili, come uno sciamano della filosofia. Molti sciamani incantano gli allocchi, e la tentazione di vedere le cose in questo modo è forte. Non è stato facile non pensare alle parole per Hitler e al razzismo antisemita, mentre leggevo il libro. E neppure districarmi in frasi come «Il ciò-in-cui della comprensione autorimandantesi, in quanto è ciò rispetto-a-cui è lasciato venir incontro l'ente nel modo di essere dell'appagatività, è il fenomeno del mondo».

Ma il libro è pieno di idee acute e ne capisco il fascino: un'attenzione maniacale alla filosofia come resoconto diretto del vissuto, all'esperienza di esistere, facendo risalire tutto, a partire dalla nozione di essere, a questa. La realtà vissuta dall'interno, non dall'esterno. Una bella avventura intellettuale.

A mio umilissimo giudizio, resta un punto di vista limitato: il limitato punto di vista di un esserino che non riesce a pensarsi se non al centro.* Come un figlio unico che non si sia mai accorto che non è lui il centro del mondo. Ci sono anche gli altri esseri umani. E gli animali. E le piante. E le montagne. E le stelle. E le galassie. E se tutte queste cose sono certo parte del mio esserci, ancor più, sono io a essere parte del tutto.

* È successa una cosa inaspettata con questa frase, quando l'articolo è stato pubblicato. L'«esserino» a cui faccio riferimento è ovviamente l'essere umano in generale, ciascuno di noi, piccoli di fronte al cosmo. Alcuni filosofi heideggeriani hanno invece interpretato «esserino» come un'ingiuria a Heidegger, e si sono offesi. Curioso.

Quanto dista il sole?

«la Repubblica», 27 settembre 2011.

Lo *Zhou Bi Suan Jing* (il «Classico dell'Aritmetica») è uno dei più antichi testi di matematica cinesi, completato intorno al III secolo prima della nostra era. Il libro discute, tra l'altro, della variazione dell'altezza del Sole andando verso sud (a Palermo il Sole è più alto nel cielo che a Milano). Basandosi sull'idea che la Terra sia piatta, lo *Zhou Bi Suan Jing* calcola che il Sole sia a circa diecimila «li» sopra la nostra testa: poche migliaia di chilometri.

Più o meno nello stesso periodo, in Egitto, il direttore della Biblioteca di Alessandria, Eratostene, esegue la stessa misurazione, ma la interpreta sapendo che la Terra è una sfera, e la variazione dell'altezza del Sole andando verso sud è dovuta a questo. Conclude che il Sole è lontanissimo e il perimetro del nostro pianeta è duecentocinquantaduemila «stadi», cioè quarantamila chilometri: la dimensione della Terra riportata nei nostri libri.

Il contesto culturale della Cina della dinastia Han è molto diverso da quello del Mediterraneo ellenistico, e due culture diverse danno interpretazioni diverse della stessa osservazione. L'Occidente continuerà a immaginare la Terra come una sfera (pensate a Dante), e il Sole lontano e grande; mentre la Cina continuerà a pensare la Terra più o meno piatta e il Sole una palla vicina.

Una tesi oggi diffusa vuole che non abbia senso chiedersi chi ha ragione e chi ha torto, fra idee in contesti culturali differenti.

Eratostene e lo *Zhou Bi Suan Jing* hanno egualmente ragione, ciascuno all'interno del proprio contesto culturale? Oppure Eratostene è più vicino alla realtà? Se diciamo che Eratostene ha ragione, stiamo forse esprimendo assunzioni arbitrarie del nostro contesto culturale? Possiamo confrontare idee di contesti culturali diversi?

Torniamo in Cina. Verso la fine del Cinquecento arrivano in Cina i gesuiti, guidati da Matteo Ricci, colto astronomo. Quando vengono a conoscenza delle idee dell'Istituto Imperiale di Astronomia, sorridono. Quando i cinesi ascoltano dai gesuiti le idee astronomiche occidentali, invece, adottano la prospettiva occidentale. Si badi, erano tempi politicamente non sospetti: l'esercito del Celeste Impero avrebbe spazzato via facilmente qualunque armata europea. Non è stata la forza politica a convincere i cinesi che l'interpretazione occidentale della misura fosse migliore. Cos'è stato?

L'osservazione che i valori del vero e del falso sono intimamente influenzati dal contesto culturale è profonda e intelligente. Parliamo dall'interno di sistemi di credenze, più o meno coerenti. Ma da questo non segue che non si possano mettere a confronto idee diverse, confrontarle, scegliere fra queste e imparare qualcosa «sulla realtà». Soprattutto non segue che la scelta sia *solo* questione di rapporti di potere o fattori irrazionali.

La scelta può essere, anzi, il più delle volte è effettivamente determinata da un serio uso della ragione critica, che ci aiuta a vedere quale fra due alternative sia migliore: più coerente, più efficace, più confortata dai fatti.

I nostri sistemi di pensiero, infatti, non sono mai veramente chiusi in sé stessi. Sono strutturalmente rivolti all'esterno e in continuo dialogo e scambio. Il nostro pensiero è pensiero sulla realtà, ed è in relazione costante sia con fatti inaspettati, con «la realtà, dura e irriducibile, che ci fa cambiare idea», sia con idee diverse. In questo confronto cresce, si modifica, e apprende.

Il dialogo, se è sereno, può arrivare a mostrare chi ha ragione e chi ha torto.

L'intera storia della scienza, antica e moderna, è una lunga dimostrazione dell'efficacia della ragione: i dibattiti sono feroci, ma prima o poi si arriva a comprendere chi ha ragione e chi ha torto. La Terra è rotonda, non è piatta. Fra Newton e Einstein, è Einstein ad avere ragione.

Ragione e torto dal punto di vista di chi? Da un punto di vista esterno a ogni contesto culturale? No: dal punto di vista degli stessi dialoganti. Il confronto con opinioni diverse e con i fatti esterni conforta una posizione e ne indebolisce un'altra, anche se la «realtà dei fatti» è filtrata dalle interpretazioni. Per quanto si voglia interpretare la Terra come piatta, arriva comunque il giorno in cui fare i conti con la nave di Ferdinando Magellano, partita verso occidente e tornata da oriente. Impariamo qualcosa sulla realtà.

L'Italia ha una difficoltà particolare ad accettare l'idea che si possa dialogare serenamente, cambiare idea ascoltando altri, e arrivare a trovare insieme una convinzione più fondata o una soluzione migliore. Manchiamo di una tradizione di democrazia e dibattito, dove questo modo di mettersi a confronto abbia avuto tempo di affinarsi. Siamo abituati a lasciar decidere dominatori stranieri, principi, vescovi o capi carismatici, invece che cercare soluzioni ragionevoli discutendo. Ci facciamo forti di alleanze e reti di amici, piuttosto che di argomenti convincenti.

Siamo l'unico Paese del mondo in cui nei dibattiti televisivi ci si toglie la parola uno all'altro, ci si parla sopra. In ogni altro Paese chi interrompe è giudicato poco credibile dal pubblico: vuol dire che non ha buoni argomenti. Dalla democrazia di Atene alla Rivoluzione francese, un'arma di cui l'umanità dispone per difendersi dalla concentrazione del potere, come dalla dittatura mediatica, è la ragione.

* * *

Credo che l'equivoco di fondo che genera questa confusione sia confondere *conoscenza* e *certezza*.

L'umanità vorrebbe un'àncora alla quale aggrappare certezze. Per il pensiero antico poteva essere la fiducia negli dèi, un Sacro Testo, gli ayatollah o il Santo Padre. All'inizio del mondo moderno i limiti della tradizione diventano palesi e la certezza è cercata nell'esperienza o nella ragione astratta. Nel XIX secolo sembra che la scienza possa fornire risposte certe, prima di scoprire che perfino le efficacissime teorie di Newton sono poi messe in dubbio da Einstein.

Abbiamo imparato che non esistono garanzie su cui fondare certezze.

Ma questo non toglie che possiamo riconoscere le soluzioni più ragionevoli e il sapere più credibile. Possiamo ragionevolmente conoscere, in questo senso, la realtà indipendente da noi. L'irriducibilità dell'esperienza e l'accordo a cui arriviamo sono le nostre garanzie, imperfette ma sufficienti, che stiamo parlando di questa realtà indipendente da noi.

Tra chi predica che la Verità è unica, assoluta (e magari lui ne è depositario), e chi sostiene che non c'è criterio generale per scegliere fra le opinioni, esiste una terza strada: quella della discussione e della ragione.

La Cina di oggi sta lentamente avviandosi a tornare quella che è stata per la maggior parte dei cinquanta secoli di civiltà umana: la più grande potenza del pianeta. Non sappiamo se ci riuscirà, né che idee porterà. Ma certo tra queste non ci sarà l'idea che il sole sia a diecimila «li» e la Terra sia piatta. Perché? Semplicemente perché nonostante le differenze iniziali, grazie al dialogo e al confronto sereno fra interpretazioni diverse, abbiamo trovato ottime ragioni per credere che la Terra sia «realmente» rotonda.

Cos'è una pietra?

*Dialogo con Aurélien Barrau e Jean-Luc Nancy**

«Diacritik», 11 ottobre 2016.

AURÉLIEN BARRAU – Cari amici, eccoci qui, riuniti senza una direzione chiara, senza un obiettivo annunciato, senza un tema identificato. Allora, Carlo, per il fisico teorico che sei – anche se sei ben lontano dall'essere solo un fisico teorico – cos'è questa pietra che abbiamo davanti?

CARLO ROVELLI – Da parte mia, mi sembra che la migliore risposta a questa domanda sia quella offerta dalla scienza, e questa risposta, direi, è la seguente. Una pietra è una cosa rigida, statica, il prototipo dell'oggetto in sé, ma alla luce di quanto abbiamo appreso dalla chimica, dalla fisica, dalla mineralogia, dalla geologia e dalla psicologia, una pietra è una complessa vibrazione di campi quantistici, un'interazione momentanea di forze, un processo che per un breve periodo riesce a mantenersi in equilibrio con sé stesso prima di cadere nuovamen-

* Aurélien Barrau è astrofisico e intellettuale fortemente impegnato sui problemi sociali. Jean-Luc Nancy è un filosofo francese, scomparso nel 2021.

te in pezzi, un capitolo effimero nella storia delle interazioni tra gli elementi del pianeta, una traccia dell'umanità neolitica, un'arma dei ragazzi della via Pál, un esempio per una discussione tra di noi, una metafora per una cattiva ontologia, una parte di una partizione del mondo che dipende più dalle strutture percettive del nostro corpo che dal mondo stesso, un segno della sacralità del mondo per uno scintoista e qualcosa da non scagliare per primo per un cattolico (per secondo va bene), e così via. Insomma, un nodo complesso nell'infinito gioco di specchi che è la realtà. Il mondo non è fatto di pietre più di quanto non sia fatto di onde che si muovono sul mare, o dei vaneggiamenti di un pazzo. Questa, credo, è la visione scientifica del mondo: ne conoscete una migliore?

AURÉLIEN BARRAU – Sorprendente! Includi dimensioni religiose, simboliche e metaforiche nella tua visione scientifica. È una visione molto ampia della scienza, insolita. In questo modo sarà difficile per me essere in disaccordo con te. La mia convinzione è l'irriducibile diversità dell'ontologia. Diciamo la sua diffrazione nella molteplicità dei nostri sistemi referenziali. Non chiamerei «scienza» tutto ciò che tu citi, ma, in effetti, penso che una pietra sia – nel senso più forte – una nuvola di campi quantistici e – in un senso altrettanto forte – qualcosa di radicalmente diverso e tuttavia perfettamente accurato e reale per Goya, che raffigura un pesante masso con riflessi di alabastro tirato da buoi esausti. Ma, alla fine, qui siamo in disaccordo solo sul significato della parola «scienza» e non, a quanto pare, sulla diversità delle cose reali che si nascondono in ciò che troppo rapidamente chiamiamo reale. Creazione che obbedisce a regole precise, coerenti, giustificate, ma non è un disvelamento – nel senso di *alétheia* – dell'essere ultimo della natura. Sono convinto che questo modo di vedere le cose sia il contrario di un indebolimento del pensiero scientifico, che rispetto, ammiro e pratico. Jean-Luc, cosa ne pensi?

JEAN-LUC NANCY – Poiché Carlo evoca la pietra della lapidazione, andrò avanti nei Vangeli fino a «tu sei Pietro e su questa pietra edificherò la mia Chiesa». Gesù ha aggiunto il nome di Pietro a quello di Simone. Kephas in aramaico, Petros in greco. Il primo nome, Simone, significa «granello di sabbia» in aramaico e la sabbia è contrapposta alla roccia – per la solidità delle fondamenta – nello stesso testo. Petros non sembra essere stato un nome greco prima di questo episodio, non ne so molto. Non importa: in un luogo letterario notevole della nostra tradizione, pietra diventa un sostantivo per designare un fondamento incrollabile. Molto più tardi, Derrida ha scritto «*Pierre est le phallus*», giocando silenziosamente con il nome del figlio maggiore – un gioco che ha ripetuto più volte. Potremmo rintracciare tutti i Pierre attorno ai quali, in ogni lingua possibile, è girato il significato pietroso di pietra, visibile o no. Isidoro di Siviglia afferma che è Cristo stesso a essere propriamente la pietra di fondazione e che fu su questa pietra che egli chiamò Petros come pietra fondante della sua chiesa. Pietra su pietra, dunque. Ed eccoci qui, a impilare pietre... Voglio solo estendere il gioco di specchi di cui parlava Carlo, per sottolineare che ciò che inizia, nella sua risposta, con la vibrazione e l'interazione non cessa di vibrare e interagire come significante incaricato di denotare solidità, compattezza, fermezza e permanenza. Come se tutte le vibrazioni e le interazioni fossero compresse – pietrificate – al massimo. Ne sono felice, perché tutto ciò che aiuta tutti i possibili registri dell'essere a comunicare attivamente permette di pensare a una transitività di essere, e non dell'essere.

CARLO ROVELLI – Condivido la gioia per ciò che rallegra Jean-Luc: tutto quanto permette a tutti i possibili registri dell'essere di comunicare l'uno con l'altro. Perché, Aurélien, pensi che il mondo visto dalla scienza non debba includere la complessità delle emozioni umane esemplificate da Goya? E viceversa? A proposito, non conosco l'immagine di Goya a cui ti riferisci. Me la mostri? Gli esseri umani – compreso Goya – sono esseri naturali in un mondo naturale. Le loro emozioni sono fenomeni naturali, non entità in un regno separato. Il mondo è complesso, ne comprendiamo solo una parte. Quello che trovo interessante è capire, far comunicare i linguaggi, per decifrare.

Non però, Jean-Luc, per giocare con le parole. Non sono sicuro di capire la rilevanza del nome che si dice Gesù abbia dato a Pietro. Mi sembra un'assonanza casuale che aumenta la confusione, non la comprensione. C'è un modo antico di capire, quello della Cabala, che cerca di moltiplicare all'infinito le risonanze e di vedere tutto riflesso in tutto. Mi sembra che questo non ci porti da nessuna parte. Ci aiuta? Sono io a essere cieco? La meraviglia, a mio avviso, è quando separiamo il caso da ciò che ci aiuta a capire meglio. Quando troviamo una pietra caduta dal cielo e, invece di metterla in un tempio e venerarla, la studiamo, quella pietra ci comunica che proviene da una cometa in cui c'erano sostanze organiche. E forse sono state proprio queste sostanze organiche a darci la vita. E allora ci sentiamo finalmente fratelli della pietra, a casa nostra nell'universo.

JEAN-LUC NANCY – Ho voluto inserire la parola «pietra» perché anche se le cose esistono al di fuori del linguaggio, è sempre attraverso il linguaggio che assumono un significato. Il linguaggio è necessario per dire cosa sono e anche il fatto che sono. Si può dire cosa sono attribuendo loro varie proprietà – «sostanza organica», per esempio – e la fratellanza che si prova nei loro confronti. Ma questo non finisce mai, perché ogni nome rimanda ad altri: «organismo» rimanda a «composizione e trasformazione dell'inorganico» – il che ci riporta alla pietra, solida e inerte. La Cabala non era del tutto vana quando parlava di risonanza e di riflessione infinita: si illudeva solo nella misura in cui ne faceva una risposta definitiva al mistero del mondo. Quello che volevo evocare con «Pierre» (Pietro/pietra) e con i valori metaforici di una parola era la circolazione infinita di ciò che chiamiamo «la fine». E in effetti, è confusa. Tu usi la parola «decifrare»: ma il linguaggio non si decifra da solo. Al contrario, in un certo senso, è sempre più criptato. E anche questo fa parte della natura di cui tu parli.

AURÉLIEN BARRAU – Credo di capire cosa intendi, Carlo, in parte sono d'accordo. Ma solo in parte. Quando viene osservata attraverso un prisma scientifico, tutta la realtà può essere, diciamo in linea di principio o potenzialmente, decifrata – o almeno toccata – dal gesto scientifico. Compresi i dipinti neri di Goya, i miei preferiti. Condivido senza riserve la tua meraviglia per la curiosità scientifica e la tua sublime capacità di collegarci agli altri esseri viventi – cosa che la nostra vecchia cultura ha purtroppo così spesso dimenticato – e agli oggetti del cosmo. Ma mi sembra presuntuoso pensare che questo particolare modo di far funzionare il mondo, o i mondi, questo specifico modo che chiamiamo scienza senza sapere esattamente cosa sia, racchiuda la totalità dei significati possibili. Credo che le descrizioni siano, come i numeri complessi, non ordinate: a volte è impossibile classificarle e stabilire quale sia la «migliore». Naturalmente, non tutte le descrizioni sono uguali, e non si tratta – tanto meno! – di elogiare il relativismo nichilista. Ma scelgo comunque, per quanto mi riguarda, di non scegliere tra descrizioni concorrenti che funzionano in modo diverso. Credo che il gioco del pensiero non sia solo descrivere, ma anche creare.

Quando leggo il tuo sublime *Corpus*, Jean-Luc, non imparo molto sulla natura fisica dei corpi. Anzi, nulla. Non sono sicuro che questo libro «decifri» qualcosa. Ma la mia realtà ne è trasfigurata. Il testo ha agito, e questo non è poco! Quando leggo il tuo brillante *Quantum Gravity*, Carlo, è un'altra cosa: c'è una tesi chiara e ben definita sulla natura dello spazio-tempo e un richiamo a ciò che sappiamo sulla natura della materia. È testabile – per me è bello e persino commovente – ma non «sostituisce» ciò che Jean-Luc ha abbozzato in *Corpus*.

Permettetemi, entrambi, per una volta – non mi capita spesso di avere questo ruolo! – di essere molto concreto, diciamo pure solido come una roccia. Il mondo che ci circonda, e con questo intendo a livello politico e non solo ontologico, non dovrebbe forse esortarci oggi a prendere le distanze dalla logica o dal simbolismo della pietrificazione o della «fondazione»? Permettiamo che i rifugiati muoiano fuori dai nostri confini chiusi, in fuga da una guerra di cui siamo in gran parte responsabili. Nell'indifferenza verso la dismisura della catastrofe. Certo, questo ha poco a che fare con la fisica o la mistica delle pietre! Ma non è forse questa una delle tante occasioni per prendere un po' le distanze dalla logica dell'*arché*, dalla violenza di una certa tradizione del dato, che sostiene che le cose sono quelle che sono e che non possiamo cambiare nulla? Questa è un'altra domanda, naturalmente, ma mi piacerebbe anche sentire cosa avete da dire sul «che fare?», per usare il titolo di un recente libro di Jean-Luc.

JEAN-LUC NANCY – Sono d'accordo, Aurélien. Né io né Carlo siamo partiti in direzione della «fondazione» o dell'«arché». Tu hai scagliato la prima pietra e noi non ci siamo sentiti lapidati, ma attratti da una pesantezza, questo è certo. Non verso una fondazione. Andare ai campi profughi di Lesbo o di Calais o filosofeggiare? C'è una terza possibilità?

CARLO ROVELLI – Purtroppo non vedo una terza possibilità. Anni fa ero sulle barricate a tirare pietre. Alla fine ho potuto solo misurare la mia impotenza e quella dei miei fratelli. Eppure credo ancora nel potere delle parole. Nel mare infinito dei discorsi, cerco di fare in modo che la mia piccola voce possa contribuire a spingere in una direzione. Contro le bombe che sganciamo, contro gli orrori che causiamo in Medio Oriente per difendere le nostre ricchezze, contro la disuguaglianza sempre crescente, contro l'identitarismo stupido e cieco in cui si seppelliscono i gruppi umani, contro questa diffidenza dilagante verso chi è un po' diverso da noi.

Capisco la tua apertura, Aurélien, il tuo desiderio di non chiudere nessuna possibilità di discorso, di far risuonare tutta la musica. Ti capisco, Jean-Luc, credo, quando dici che il linguaggio non si decifra da solo, che al contrario si cripta sempre di più. Ed è proprio questo: non voglio un fondamento ultimo, non voglio un discorso che cerchi di stare al di fuori dei discorsi. Voglio mettere gli esseri umani in relazione tra loro, come stai facendo tu, Aurélien, e per lo stesso motivo voglio mettere i discorsi in relazione tra loro, non decretarli incommensurabili. Per renderli la nostra conoscenza. Incompleta, in evoluzione, frammentaria, con incongruenze, ma le incongruenze sono segnali per una migliore comprensione. Vorrei fare dei passi verso la comprensione, non girare in tondo nell'infinito gioco di specchi. Trovare le connessioni che semplificano e armonizzano, non aumentare la confusione, che è già più che sufficiente. Certo il mio libro non può «sostituire» ciò che Jean-Luc ha descritto in *Corpus*. Perché dovrebbe? Perché dovrebbe esserci necessariamente un'incoerenza tra i due? In questa realtà noi ci siamo, ne facciamo parte, la riflettiamo, come il lago la montagna. Il significato che troviamo nel mondo è ciò che siamo. Una parte di questa natura incredibilmente ricca che ci sostiene, ricca ma non incoerente. Non l'abbiamo mai trovata incoerente. Solo limiti, i nostri limiti, nei nostri sforzi di comprenderla. E in questa natura ci sono cose familiari e cose che stiamo imparando: quanti di spazio e strani corpi estranei. Entrambi mi appartengono. Vorrei farli diventare il mio universo incrociando i pensieri. Armonizzarli, riconoscerli come sorelle. Così come vorrei riconoscere i miei fratelli, invece di chiamarli «altri», lanciargli bombe, cacciarli da casa mia...

JEAN-LUC NANCY – In fede mia, posso dire che sono d'accordo con Carlo. Aggiungerei solo che l'insignificanza di ciascuna delle nostre voci, che è certa, ovvia, non impedisce a tutte le voci di contribuire a ciò che sta lentamente prendendo forma, prendendo forma lontano dalla nostra capacità di percezione.

AURÉLIEN BARRAU – È strano, all'inizio dello scambio ho avvertito una leggera tensione. I nostri mondi si scontravano piuttosto che compenetrarsi. E ora eccoci qui, quasi in perfetta armonia, poiché mi unisco naturalmente a te in tutto il desiderio di condivisione e di risonanza che Carlo delinea e che io condivido senza riserve. La paura dell'alterità che pervade il nostro tempo è devastante.

Francisco Goya, *Trasporto di un blocco di pietra* (1786-87, olio su tela) / Collezione privata / Photo © Bridgeman Images

Un tesoretto per i giovani

«Corriere della Sera», 26 maggio 2021.

Matteo è uno degli studenti più brillanti che ho avuto. Ora svolge ricerca scientifica in Germania, ma è anche impegnato civilmente. L'anno scorso mi ha cercato per chiedermi di appoggiarlo per una proposta politica che stava promuovendo. All'inizio ero perplesso. Ne abbiamo parlato molto a lungo, e i suoi argomenti mi hanno convinto. Convincere anche il resto del mondo, però, mi sembrava difficile, e, pavidamente, non ho fatto nulla.

La proposta era che lo Stato offrisse a tutti i diciottenni un piccolo capitale, finanziato da una tassa di successione sui patrimoni più grandi. Oggi una proposta simile di Enrico Letta porta questa idea nella discussione pubblica. È un buon momento per presentare gli argomenti che mi avevano convinto.

L'osservazione chiave alla base della proposta di un piccolo capitale per i giovani è che la vera differenza che distingue le opportunità delle diverse classi sociali nel nostro Paese non è il reddito, è il patrimonio. Io ho vissuto con pochissimi soldi per la maggior parte della mia vita, ma alle mie spalle c'era, grazie alla mia famiglia, una sicurezza finanziaria non certo vasta, ma sufficiente per permettermi di fare le scelte cruciali: continuare a studiare, vivere un anno senza stipendio alla fine degli studi, per giocare le mie carte e sviluppare la mia ricerca scientifica, senza dover essere costretto a cercarmi subito un impiego.

Forse la decisione più lungimirante per la mia vita è stata quella di prendere una pausa dagli studi poco dopo la fine del liceo, e viaggiare per un anno da solo in Canada e negli Stati Uniti. Per sostenermi ho lavorato qui e là. Ma il biglietto aereo l'ho potuto comprare grazie al fatto che mia nonna, che dipingeva miniature e le vendeva, aveva regalato a ciascuno di noi nipoti, ancora bambini, alcune monete d'oro. Mia cugina le ha usate per andare a studiare l'inglese in Inghilterra. Io per il mio grande viaggio da ragazzo. Ci hanno cambiato la vita, aprendoci prospettive.

Un mio compagno di scuola ha messo in piedi una sua piccola impresa di software con pochi soldi che ha potuto avere dalla famiglia. Gli ha cambiato la vita. Un altro, che adesso è musicista affermato, è riuscito da ragazzo a procurarsi uno dei primi sintetizzatori elettronici per la musica. È la disponibilità di un capitale, anche piccolo, che permette di mettere la propria vita su dei binari che possono aprire orizzonti: studiare, comprare tutti i libri che servono, pagare l'affitto per avere un alloggio indipendente, uscire dalla casa dei genitori, iniziare una vera famiglia, avere un mezzo di trasporto proprio, magari per un'attività commerciale. Comprarsi uno strumento musicale, organizzare una piccola associazione di volontariato, prendere i biglietti per andare dall'altra parte del mondo... Questo privilegio – partire nella vita con la disponibilità di un piccolo capitale – è stato essenziale per tantissimi di coloro che nella vita hanno prodotto cose utili per la società. Ha dato sicurezza, coperto le spalle, permesso di prendere rischi.

Ma questo privilegio non lo ha la maggior parte dei giovani italiani: la maggior parte dei diciottenni non ha facile disponibilità di diecimila euro, pochi per una minoranza, molti per la maggioranza. Se ogni diciottenne si trovasse questo piccolo capitale a disposizione, daremmo opportunità un po' meno diseguali ai giovani, libereremmo forze creative, imprenditoriali, produttive, intellettuali e artistiche, e avremmo una società un pelino meno ingiusta.

Data la lunghezza media della vita odierna, la maggior parte delle persone raccoglie l'eredità dei genitori a cinquanta o sessant'anni. Cioè quando non serve più ad aiutare davvero a crescere nella vita. È prima che serve. Io penso che questo tesoretto non debba essere vincolato a nulla. Debba semplicemente essere messo a disposizione dei giovani, da usare in qualunque modo. Qualcuno lo metterà via per prudenza, qualcuno lo investirà, qualcuno lo butterà tutto in cioccolata e caramelle. Ma in ogni caso non credo proprio che sarebbe meglio impiegato se rimanesse nelle tasche dei più ricchi. Anche la parte sprecata aumenta i consumi e aiuta l'economia più che stare ferma nel già lauto conto in banca di un sessantenne figlio di papà.

La nostra società non offre certo eguali opportunità a tutti. Le statistiche sono palesi: il livello economico e sociale dei genitori determina largamente quello dei figli. Le classi privilegiate, numericamente molto minoritarie nel Paese, si riproducono largamente al loro interno. Nel dopoguerra e negli anni del boom economico la mobilità sociale si era molto alzata, poi pian piano si è richiusa. Le eccezioni ovviamente esistono, ma sono rare.

Modificare questa situazione è interesse della maggioranza dei cittadini, per due ragioni diverse. La prima è di carattere generale: questa chiusura è un drammatico spreco di risorse per la società intera. Giovani brillanti, che potrebbero dare contributi vitali alla società, non lo fanno perché sono intrappolati dalle ristrettezze economiche, da un livello di istruzione insufficiente, o dalla mancanza di flessibilità nella loro vita. La seconda è il semplice fatto che la maggioranza dei cittadini non appartiene alla ristretta minoranza privilegiata, e non ha quindi interesse a difenderne i privilegi.

In un sistema democratico, una forza politica che ambisca a essere maggioritaria ha due alternative: o fare l'interesse della maggioranza, e quindi affrontare il problema, oppure fare solo finta di fare l'interesse della maggioranza. L'argomento tradizionale di tutte le destre contro ogni forma di ridistribuzione della ricchezza è che la possibilità di arricchirsi per qualcuno finisce per giovare a tutti. Corretto o specioso che sia questo argomento, in ogni caso non ha rilevanza per una proposta di ridistribuzione ai giovani delle eredità sui grandi patrimoni: la trasmissione ereditaria intatta dei grandi patrimoni non ha alcun effetto positivo sulla produttività del Paese. Anzi: soffoca la vivacità economica. L'Italia ha imposte sulle grosse eredità che appaiono scandalosamente basse a un qualunque cittadino francese o tedesco, dove le tasse sull'eredità sono facilmente dieci volte più alte che in Italia.

Nel mio piccolo l'ho toccato con mano. Mio padre aveva in Francia una piccola parte, meno di un decimo, di quanto mi ha lasciato. Ho pagato più tasse di eredità in Francia su quel singolo decimo che non sui nove decimi che erano in Italia. In Italia le tasse sul patrimonio erano alte come nel resto dell'Europa fino a pochi decenni fa. Poi abbiamo avuto un miliardario come primo ministro e tutti i figli dei miliardari italiani hanno brindato.

C'è un solo vero argomento contro ogni idea di ridistribuzione. Il potere nella società odierna non è nei cittadini che votano: è nelle mani di chi in una forma o nell'altra detiene la ricchezza. La ricchezza che serve al potere per funzionare e vincere le elezioni. Che serve anche, cioè, a convincere la maggioranza a votare contro il proprio interesse, a difesa degli interessi dei pochi. Io spero che la politica torni a essere più onesta e intelligente di così, e cerchi consenso con lealtà, senza cadere nella trappola della subordinazione alla ricchezza, perché l'ambiguità erode la fiducia e porta alla perdita del consenso. Questa proposta è un caso esemplare. Sono felice che Enrico Letta l'abbia fatta propria.*

* Non ha avuto seguito.

Ci si salva solo insieme

«Corriere della Sera», 31 maggio 2020.

Si apre con un'epidemia la grande letteratura occidentale. Apollo scende irato sui campi degli Achei all'inizio dell'*Iliade* («dalle vette scese d'Olimpo, col cruccio nel cuore, e su le spalle l'arco reggeva, e la chiusa faretra; [...] scendeva, pareva una notte [...] sugli Achei lanciando amarissimi dardi, li sterminava; e fitte le pire ardevano sempre dei morti»).

Un'epidemia apre la più grande delle tragedie, turbando Edipo re di Tebe («l'infestissima peste su Tebe incombe e la tormenta, e dei Cadmèi vuota le case, sì che l'Ade negro, diventa opulento d'ululi e di pianti»).

Il secolo d'oro di Atene è devastato da una delle epidemie maggiormente rimaste nell'immaginario del mondo, per la descrizione che ne fa Tucidide e la versione sconvolgente che ne dà Lucrezio in chiusura al suo poema («trasudava di sangue la bocca annerita e si chiudeva la gola, ostruita da ulcere e dal male stillava sangue la lingua, l'alito spandeva un fetido odore come puzzano i cadaveri putrefatti,

[...] cadaveri giacevano ammucchiati e insepolti [...] per le vie si potevano vedere corpi orridi per lo squallore coperti di cenci e del marciume del corpo...»).

Si stima che nel II secolo la peste antonina fece fra cinque e trenta milioni di morti sotto il regno dell'imperatore Marco Aurelio. La peste di Giustiniano forse di più, e disgregò il tessuto sociale (Paolo Diacono ne descrive così una tarda ondata: «Tutti erano scappati e tutto era avvolto nel silenzio più profondo. Figli se ne andavano lasciando insepolti i cadaveri dei loro genitori; genitori dimenticavano i loro doveri abbandonando i loro figli»); alcuni storici la considerano un fattore del crollo della civiltà urbana europea del mondo antico.

Alla fine del Medioevo, la peste nera, in numerose ondate successive, uccise un terzo degli abitanti dell'Europa. Nel mio mondo della fisica si ricorda che nel Seicento Newton scrive la sua grande opera durante un ritiro in campagna perché un'epidemia devastava Londra.

In Italia ricordiamo la peste a Milano descritta dal Manzoni. A Marsiglia, dove lavoro, si ricorda la peste del 1720, che ha ucciso quasi metà degli abitanti della città. Esattamente un secolo fa, l'influenza chiamata spagnola ha fatto cinquanta milioni di morti.

Leggevamo tutto questo nei testi di storia e ci sembrava il passato. Anzi, consideravamo essere quasi il simbolo della modernità il fatto che progresso, sapere scientifico, controllo dell'uomo sulla natura, igiene ci avessero portato fuori da questi incubi del passato. Oggi il dilagare della pandemia di Covid-19 ci risveglia da questa illusione. Il progresso è meno potente di quanto pensassimo.

È una lezione di umiltà da tenere ben presente. Rendiamoci conto della nostra debolezza. In Italia c'è una sensazione allegra che il peggio sia passato,* ma non sappiamo se la malattia stia rallentando o se abbiamo solo attraversato la prima di ondate successive, come accadeva nelle grandi epidemie del passato. Speriamo molto in un vaccino, ma per ora non l'abbiamo, e solo una piccola minoranza di noi è ora forse immune.

Il confronto con la devastazione delle epidemie del passato, tuttavia, ci deve fare riflettere e ci mostra che non dobbiamo sottovalutare gli strumenti che abbiamo. Per difendersi dall'epidemia, gli Achei hanno restituito a un sacerdote di Apollo la figlia violentata da Agamennone. Azione buona, certo, ma che non deve aver avuto grande efficacia sul morbo. Edipo manda il cognato a Delfi a chiedere lumi su come liberarsi del male, con l'unico risultato di infilarsi in un ben noto ginepraio: la Pizia gli risponde che ha ucciso suo padre e sposato sua madre. Manzoni racconta di processioni contro la peste: esattamente quello che non bisogna fare. L'umanità è stata a lungo del tutto impotente nei confronti delle epidemie.

Non siamo nella stessa situazione. Non sappiamo come evolverà, ma per ora nel mondo la pandemia ha fatto quattrocentomila morti: molti, ma pochissimi rispetto alle grandi epidemie del passato. A Milano e a New York abbiamo sentito le sirene delle ambulanze, ma non lamenti di moribondi sopra mucchi di cadaveri nelle strade. L'esistenza di un test, le cure intensive negli ospedali, gli antibiotici per le complicazioni batteriche hanno salvato centinaia di migliaia di vite. Le decisioni politiche sul distanziamento sociale, poggiate sui calcoli degli epidemiologi, hanno evitato il collasso dei sistemi sanitari, riducendo drammaticamente

* Non era passato.

il numero di decessi. La speranza di un vaccino non è campata in aria: è concreta.

Se da un lato non dobbiamo commettere l'errore di pensare di essere onnipotenti, dall'altro non dobbiamo neppure disconoscere il valore dei tanti strumenti medici, scientifici, culturali ed economici di cui disponiamo e che i nostri padri non avevano.

Questi strumenti non sono appannaggio di un Paese o dell'altro: sono stati sviluppati dalla collaborazione dell'umanità intera; il loro sviluppo continua globalmente. Il riconoscimento rapidissimo del virus, lo sviluppo dei test, i modelli necessari per controllare l'epidemia sono saperi globali, resi possibili dall'immediata collaborazione internazionale. Gli strumenti con cui ci siamo difesi, dai ventilatori alle mascherine, sono stati prodotti in Paesi che hanno rifornito il mondo intero. Se e quando troveremo un vaccino, non ci sarà un Paese che ha un vaccino e gli altri no, a meno che non facciamo sciocchezze. Sarà l'umanità intera che condivide un vaccino, speriamo.*

Ci siamo difesi meglio che nel passato grazie al fatto che l'umanità ha saputo collaborare. Se il virus fosse arrivato alle nostre frontiere incontrando un Paese isolato e chiuso in sé stesso, sarebbe stato molto più devastante, come sono state devastanti le epidemie che arrivavano nel passato.

Gli effetti storici delle epidemie sono stati i più vari e sono difficili da valutare. Forse alcune hanno accelerato crolli di civiltà. Forse la peste del Trecento ha favorito l'avvio della modernità in Europa. Speriamo che la pandemia odierna resti minuscola comparata con le grandi epidemie del pas-

* Il vaccino, come tutti sappiamo, è stato trovato, ma, ahimè, a lungo condiviso quasi solo fra i Paesi ricchi.

sato;* nessuno sa come evolverà e nessuno oggi sa davvero quali e quanti effetti stia avendo sull'umanità.

Ma nei momenti in cui si prova paura, si hanno due istinti opposti: aiutarci l'un l'altro, oppure chiuderci in piccoli gruppi e difenderci contro gli altri. Penso che il futuro del mondo dipenda da quale di questi due istinti prevalga oggi. Il secondo atteggiamento, la chiusura contro gli altri, è purtroppo diffuso. Sento voci dire che l'epidemia è dovuta alla globalizzazione, e per questo la globalizzazione diminuirà. Altre dire che i Paesi, o le grandi regioni del mondo, devono diventare autosufficienti e non dipendere dagli altri, come se ogni Paese potesse davvero produrre tutto l'essenziale per tutte le evenienze. Voci si stanno levando forti e rabbiose nel mondo per dare colpe ad altri dell'accaduto, spesso per deflettere accuse legate agli errori commessi. Le tensioni aumentano nel pianeta.

Se questo istinto di chiusura e conflitto prevale, se prevale la logica del «meglio salvarsi da soli», allora l'umanità andrà verso il disastro.

Il primo Paese che svilupperà il vaccino, per esempio, lo vorrà tenere per sé. Qualcuno ha già proposto di farlo. La rottura dell'interdipendenza economica, di cui si parla in diverse parti del mondo, è aprire la porta a conflitti crescenti, alle guerre, alla povertà diffusa.** A rigettare nella miseria i milioni di esseri umani che ne sono usciti negli ultimi decenni.

Se la nostra logica è «prima gli italiani», o «prima gli occidentali», allora non possiamo sperare che qualcuno aiu-

* Così è andata.

** Questa rottura, o, come si dice ora, «decoupling», è purtroppo esattamente quanto sta avvenendo ora.

ti noi nel momento della difficoltà, o che qualcuno condivida con noi medicine, cure, beni, il vaccino.

Se invece questa crisi, che è globale, ci aiuta a capire quanto l'umanità condivida rischi che sono comuni, minacce comuni, e soluzioni comuni dei problemi, se rafforza la consapevolezza che dobbiamo lavorare insieme, stabilire regole comuni, condividere, mettere in comune risorse, imparare a fidarci l'uno dell'altro, allora possiamo continuare a difenderci.

L'Italia è un piccolo Paese con più influenza nel mondo di quanto non ritenga. Si è trovata nella spiacevole posizione di avanguardia dell'Occidente nell'affrontare la crisi. Nel mondo è stata osservata con attenzione, e seguita, nelle sue difficilissime scelte. Spero sia capace di alzare una voce forte e chiara contro le tante voci spaventate che oggi nel mondo chiedono chiusure.

L'unica strategia che ci permette di difenderci dalle crisi è aumentare la collaborazione globale: politica, economica e scientifica. La pandemia in corso non è finita e non sarà l'ultima crisi seria a cui dovrà fare fronte l'umanità. Altri allarmi sono stati lanciati, come gli allarmi che erano stati lanciati per il rischio di pandemia. Se la politica mondiale si orienta verso l'apertura, la collaborazione, la risoluzione comune dei problemi dell'umanità, abbiamo una possibilità di superarla. Se reagiamo chiudendoci, se prevale la logica devastante del «prima noi», ci facciamo del male da soli, cadiamo in una reazione irrazionale come chi faceva processioni nel Medioevo. Non ci si difende da un virus chiudendo frontiere, diminuendo gli scambi, o producendo cose in proprio: virus e batteri viaggiavano anche al tempo di Ettore e Achille.

Siamo fragili

«Corriere della Sera», 2 aprile 2020.

L'esperienza di questo momento difficile* mi sembra una lezione di umiltà per tutti. Non siamo potenti come forse pensavamo. Siamo, come siamo sempre stati, facile preda di un vento che cambia. Ci eravamo abituati a confinare i disastri più gravi altrove. Ancora pochi giorni fa ho sentito un americano dire in televisione: «Siamo il Paese più potente del mondo, a noi l'epidemia non fa nulla».

Non lo dice più. Anche noi italiani credevamo di poterla fermare prima che arrivasse qui. La realtà forse più difficile da accettare è che quello che sta succedendo non è colpa di nessuno. Non è come la guerra, scatenata dalla follia di noi umani. Certo, ci sono stati errori, negligenze. Ne stiamo commettendo probabilmente ancora, ce ne renderemo conto fra un po'. Ma prendere decisioni in situazioni inedite è difficile: facciamo quello che possiamo, a tentoni. La prossima volta ci prepareremo meglio, faremo meglio; ascolteremo di più la scienza quando lancia allarmi pre-

* La pandemia.

ventivi. La tentazione è di dare sempre colpe a qualcuno: ai politici che dovevano svegliarsi prima, alla Cina che doveva dare l'allarme prima, all'impreparazione nonostante gli avvertimenti, a chissà cos'altro. Ma la realtà è che questo disastro non ha colpevoli.

Abbiamo imparato a proteggerci da tante cose, ma siamo nelle mani della natura, che a volte ci riempie di regali, a volte ci maltratta brutalmente, con sovrana indifferenza.

È rassicurante vedere come governi e pubblico, ora, nel momento del pericolo, ascoltino la scienza. La conoscenza è il miglior strumento che abbiamo. Ci permette di evitare errori gravi, come quelli che commettevamo nel Medioevo quando per scongiurare la peste facevamo processioni, col risultato di infettare tutti. Ma mai come adesso vediamo che la scienza non sa, ovviamente, risolvere tutti i problemi. Il nostro splendido sapere si arrende davanti a una cosa che è poco più di un granello di polvere. La scienza è la nostra forza, l'utensile migliore che abbiamo trovato, teniamocela cara; ma restiamo fragili, in una natura indifferente e immensamente più grande e più forte di noi. Anche le nostre piccole arroganze occidentali sono oggi messe a dura prova. I medici, gli aiuti più necessari, ci sono arrivati anche da Cuba, dalla Cina, dalla Russia, perfino dall'Albania... Non erano questi i Paesi che dicevamo avevano sbagliato tutto?

I Paesi che si sono difesi meglio, molto meglio di noi, con meno morti, sono Singapore, Hong Kong, Taiwan, la Corea...* Non eravamo noi occidentali i primi della classe?

Quando questo sarà passato, sarà tempo di rivedere qual-

* Tre anni dopo, questa osservazione si conferma in maniera sempre più evidente.

che presunzione. Passerà. Sono finite tutte, le epidemie del passato. Mi pare che nessuno abbia ancora chiaro che effetto avrà veramente tutto questo sulla nostra vita, quanto sarà dirompente, quanto pagherà ciascuno di noi che oggi vede in dubbio i suoi redditi.

Chissà se tutto questo cambierà le nostre idee sul libero mercato. Anche i più sfrenati difensori del mercato più libero possibile ora gridano: «Stato, Stato, aiutaci!».

Nei momenti di difficoltà, si capisce a fondo perché collaborare è meglio che competere, e la mia speranza segreta è che questa sia la lezione che porteremo a casa. I problemi si risolvono meglio insieme. L'umanità può riuscire solo tutta insieme. Ci sarà tempo anche per quello. Adesso stiamo lottando, nel migliore dei modi possibile, per guadagnare un po' più di vita per i nostri cari e noi stessi.

Perché è questo – a me sembra questo – quanto stiamo facendo: stiamo aiutando tutti insieme la medicina a fare quello che sa fare, regalarci giorni, anni, di vita in più, che non sono un nostro diritto, sono un privilegio che ci siamo conquistati piano piano, collaborando, con il sapere e la civiltà.

Quella in corso non è una battaglia fra vita e morte, non dobbiamo vederla così. In questi termini abbiamo perso comunque, perché alla fine vince sempre la morte; siamo mortali. Quello che è in corso è il grande sforzo di tutti noi per regalarci l'un l'altro un po' di tempo in più, per questa breve vita, che nonostante sofferenze e fatiche ci sembra bellissima, ora più che mai.

In questo mese durissimo sono già morti oltre tredicimila italiani, portati via dall'epidemia. È un numero terribile. Ma diecimila italiani muoiono comunque in Italia, senza epidemia, in un anno qualunque, ogni singola settimana. A tutt'oggi l'epidemia non è la principale causa di morte in Italia. Il dolore non è statistica, la sofferenza di perdere ogni singola persona cara è profonda. Ma questa sofferenza non l'ha inventata questa epidemia: c'è comunque. Diecimila morti sono tantissimi, ma sono moltissimi meno dei morti ogni anno per tumore. O per malattie di cuore. O semplicemente per l'età. E, non dimentichiamolo, sono immensamente meno del numero di morti nel mondo per fame o malnutrizione.

Quello che sta veramente facendo questa epidemia è metterci davanti agli occhi qualcosa che di solito preferiamo non guardare: la brevità e la fragilità della nostra vita.

Non siamo i padroni di tutto, non siamo immortali: siamo, come siamo sempre stati, foglie che il vento d'autunno spazza via. Allora cerchiamo di allungarla, questa vita, combattiamo insieme con tutte le nostre forze: questo stiamo facendo tutti insieme, ed è una bellissima battaglia. Ma è questo ciò che stiamo facendo, non combattendo contro la morte: stiamo regalandoci un po' di vita in più, perché la vita è bellissima, e viverla è ciò a cui diamo più valore.

Ciarlatani

«Corriere della Sera», 2 aprile 2021.

In uno Stato di diritto, le sentenze si rispettano e si applicano. Anche se non ne condividiamo le motivazioni. Ci sono però situazioni in cui i giudici, in buona fede, commettono errori, e questi errori, accumulati, diventano nocivi per la società. In questo caso, penso sia bene parlarne.

Sono preoccupato per un trend in questa direzione. Pseudo-scienza, pseudo-medicina e ciarlatani di vari tipi si stanno diffondendo in Italia, perfino all'interno delle nostre università.

Peggio: usano una strategia aggressiva, denunciano per diffamazione o calunnia chi li critichi.

La strategia è efficace. La paura di restare invischiati in lunghi processi e l'incertezza del giudizio dissuadono persone competenti dal criticare i ciarlatani. Per paura di essere denunciati, i più tacciono. Molti hanno paura perfino di testimoniare in un processo, per timore di essere denunciati a loro volta. I ciarlatani crescono e si rafforzano. Ogni condanna o anche solo rinvio a giudizio per diffamazione di un giornalista, scienziato, o blogger, che ha criticato, magari in maniera mordente, pseudo-scienza o pseudo-medicina viene utilizzata dai ciarlatani come approvazione istituzionale di una ciarlataneria.

La gente è confusa. Finisce per fare cose come spendere cifre ingenti per cure inefficaci e sciocche, invece di curarsi veramente. Per fare un esempio nel campo di mia competenza più specifica, la fisica quantistica, i miei colleghi e io siamo tutti disgustati dalla crescente diffusione dell'uso ciarlatanesco di tante cure mediche «quantistiche», pensieri quantistici, psicologia quantistica, coscienza quantistica e altre baggianate. Ma molti preferiscono tacere.

Non parlo in astratto. L'occasione di questo articolo è il recente rinvio a giudizio di una ottima giornalista che da tempo si occupa di criticare ovvia pseudo-scienza con grande competenza e in maniera documentata: Sylvie Coyaud. Prima di scrivere questo articolo ho esitato, per timore di finire anch'io citato per diffamazione.

Voglio vivere in una società in cui chiunque possa curarsi come vuole. Voglio anche vivere in una società in cui chi inventa cure miracolose sia libero di sbandierarle e venderle agli allocchi. Ma voglio anche vivere in una società in cui se qualcuno vende ciarlatanerie miracolose, altri possano criticarlo, con le parole forti necessarie, senza dover temere la magistratura.

Non possiamo permettere che i ciarlatani si appellino alla libertà di parola per fare soldi vendendo acqua fresca, e poi usino il sistema giudiziario per mettere a tacere chi li critica. Purtroppo questo sta avvenendo in Italia.

Ci sono giornalisti coraggiosi, persone di cultura, blogger che hanno il coraggio di denunciare questi fenomeni deleteri. Ci sono voci nell'università, anche fra gli studenti, che si sono alzate in questo senso. Vanno difese, non messe in difficoltà. Ci sono giudici che si rendono conto della situazione, e non cadono nella trappola di punire chi fa un servizio civile essenziale. Ma spesso avviene il contrario.

Mi rivolgo per questo a tutti i giudici, di cui ovviamente non metto in dubbio la buona fede. È per loro che scrivo questo articolo. Rinviare a giudizio o condannare per diffamazione un giornalista, uno scienziato, o un cittadino che ha il coraggio di denunciare pubblicamente una delle tante pseudo-medicine o pseudo-scienze che dilagano, ha effetti devastanti per la società.

È diventare inconsapevolmente complici di un sistematico raggiro, difeso con metodi mafiosi: spaventando le voci critiche.

Mi rendo conto della posizione difficile di un giudice, che per la sua formazione culturale è spesso nella posizione di non sapere giudicare il merito di una accusa di inconsistenza scientifica. La soluzione, io credo, non è giudicare il merito scientifico. Il dibattito sulla consistenza o meno di un'idea medica o scientifica non deve essere risolto in un'aula di tribunale. Deve essere pubblico, e libero.

Io non posso denunciare un ciarlatano perché dice ciarlatanerie (ahimè, quanto lo vorrei!); ma lui non deve pensare di poter denunciare me se io dico pubblicamente che lui è un ciarlatano per la palese inconsistenza delle frottole che racconta. Altrimenti come fa la società a difendersi dai ciarlatani?

Cari giudici, per favore fate attenzione: ogni rinvio a giudizio o condanna per diffamazione da parte di un tribunale italiano contro chi denuncia la pseudo-scienza è una coltellata contro la verità, un'arma data in mano a quelle che sono di fatto associazioni a delinquere. Non sta al giudice giudicare se una cura è efficace o meno, e proprio per questo non dobbiamo lasciare che i ciarlatani usino la magistratura per difendersi dalle critiche, anche se queste critiche sono, come devono essere, mordenti.

Ma mi rivolgo anche all'intero corpo docente universitario italiano, ai rettori, ai presidi, ai direttori di dipartimenti. L'università italiana si sta facendo contaminare dalla pseudo-scienza. Basta andare online e cercare «pseudo-scienza nelle università italiane», per avere elenchi dettagliati, impressionanti per la dimensione e la diffusione del fenomeno che denunciano. Cartomanti, indovini, rimedi stregoneschi, misteri misteriosi, fenomeni paranormali e altra monnezza. Che orrore. Liberiamoci da questo contagio. Non facciamoci prendere dalla paura.

Se per quieto vivere, per evitare di incappare in percorsi giudiziari o polemiche, restiamo in un complice silenzio, stiamo facendo del male alla salute dei nostri concittadini, alla nostra cultura, alla educazione delle generazioni future. Stiamo mettendo in pericolo la credibilità dell'istituzione che ha il compito morale e civile di essere depositaria dell'affidabilità del sapere della nostra civiltà.

La ricchezza si è spostata

«Corriere della Sera», 17 novembre 2020.

È un impoverimento comune l'effetto principale di un periodo di tempo, la pandemia, in cui alcuni consumi sono ridotti? Se produciamo meno abbiamo ovviamente meno ricchezza disponibile; ma che accade se alcuni consumi sono frenati?

Le misure per rallentare la diffusione dell'epidemia in corso stanno causando problemi economici a vaste fasce della popolazione. Chi vive grazie a un bar è in difficoltà se nessuno va al bar. Ma non dimentichiamo il fatto che i soldi risparmiati al bar non sono bruciati: sono nelle tasche di chi non li ha spesi.

Se la gente non va in vacanza, tutto il settore che dipende dal turismo soffre, ma non perché la massa di denaro che arriva di solito a questo settore sia andata distrutta; quella massa di denaro è restata nelle tasche di chi non è andato in vacanza, che quindi ha più soldi in tasca oppure li spende in altro modo, contribuendo all'arricchimento di qualcun altro.

Ovviamente c'è impoverimento, fotografato dal calo del Pil, meno consumi fanno diminuire la produzione, il capitalismo vive di crescita, e la crescita rallenta quando i consumi scendono. Ma rimane un punto importante: un effetto maggiore della frenata di alcuni consumi è un riorientamento dei profitti e uno spostamento di ricchezza da una parte all'altra della società.

Molti dati confermano questa semplice osservazione. Ci sono settori che in questo periodo si sono molto arricchiti. Nel mondo, le Borse si sono mantenute su livelli elevati. I profitti di molte aziende sono in crescita splendida. Il valore delle azioni Amazon, per fare un esempio, è praticamente raddoppiato quest'anno. In un solo giorno di quest'estate ha fatto un balzo del 7,9% che ha comportato un aumento di tredici miliardi di dollari nel patrimonio netto di Jeff Bezos.

Non è difficile vedere chi in generale si è impoverito e chi si è arricchito. I dati a livello mondiale sono trasparenti: fasce povere e medie della popolazione si stanno ulteriormente impoverendo, mentre la ricchezza delle fasce più ricche cresce. Si accentua il trend di concentrazione della ricchezza in atto da qualche decennio. Anche con tutti i se e i ma del caso, un fatto mi sembra difficile da discutere: il peso economico per salvare la vita dei nostri concittadini lo stanno pagando in molti, mentre una fascia ricca si sta arricchendo ancora di più.

Molto sommessamente provo a suggerire: vi sembra giusto?

A me sembra che la dura sfida della pandemia vada affrontata insieme. Mi sembra che ciascuno debba fare la sua parte. Non portiamo la mascherina per difendere noi stessi: la portiamo perché, se lo facciamo tutti, i contagi scendono e siamo tutti più sicuri. La portiamo per gli altri, e il fatto che gli altri la portano salvaguarda noi. Prendiamo decisioni difficilissime, che rallentano attività economiche, per salvare vite umane, in un periodo in cui ci sono centinaia di morti al giorno. A me non sembra giusto che il costo lo paghi qualcuno mentre fasce privilegiate ne traggono vantaggi.

Mi sembra che questo sia il momento per la cosa pubblica, cioè lo Stato, di pensare in termini di interesse collettivo e a equilibrare gli squilibri. Mi sembra sia il momento, cioè, di riparlare di ridistribuzione.

La ridistribuzione è sempre stata la funzione principale dello Stato. Negli ultimi decenni molti Stati vi hanno in parte abdicato, il nostro particolarmente, dando origine alla recente crescita di disparità sociale. Nel decennio 2007-2018 la ricchezza media degli italiani è diminuita mentre la ricchezza media dei dieci italiani più ricchi è quasi raddoppiata (dati Forbes). Nel 2018 il patrimonio dei ventuno italiani più ricchi era scandalosamente eguale al patrimonio totale del 20% meno fortunato della popolazione.

L'emergenza attuale accentua questa involuzione. Sono frammenti di dati, ma vanno tutti nella stessa direzione. L'argomento tradizionale delle destre è sempre stato che arricchire i ricchi arricchisce tutti. Non so se fosse corretto in passato. Ma quando i ricchi si arricchiscono mentre altri si impoveriscono, perché si concentra su questi ultimi il costo da pagare per salvare vite umane, mi sembra che il cuore del patto sociale sia messo in discussione, e lo sia proprio nel momento in cui serve massima solidarietà.

Con la pandemia in corso, il continuo aumento della diseguaglianza non mi sembra più difendibile. Le misure di sostegno all'economia per ora le paga il debito pubblico, cioè noi in futuro. Prima o poi dovremmo decidere chi pagherà il conto.

Non sto parlando di rivoluzioni bolsceviche: sto parlando sommessamente di ricominciare a portare le imposte nella direzione di quelle che erano solo pochi decenni fa. In Italia esistevano imposte sulle successioni con aliquote alte e progressive (in Francia ci sono ancora) e non irrisorie come quelle attuali, imposte sui patrimoni (in Francia ci sono ancora), imposte sugli utili con aliquote del 40-50%. Fino al 1983 l'Irpef aveva ventidue scaglioni e aliquote tra il 10 e il 72%. Il sistema aveva effetti ridistributivi, era serenamente accettato socialmente, era condiviso a livello politico e tecnico, e ha permesso alti tassi di crescita e di occupazione e una crescita economica notevole e relativamente equilibrata di tutte le fasce sociali.

Non è facile: la grande ricchezza non ama condividere, ha influenza diretta sul potere e ha strumenti per orientare l'opinione pubblica. Ma la maggioranza dei cittadini non fa parte della grande ricchezza, non è scema, e vota. Se la sinistra non torna ad assumere il suo ruolo tradizionale di garante del riequilibrio, non restano che le sirene della destra a catturare lo scontento, saldando la truffaldina alleanza politica fra questo e la grande ricchezza, la stessa alleanza che ha portato al potere Trump e Mussolini.

Ci sono centinaia di morti ogni giorno. La gente ha problemi economici seri. E intanto la Borsa cresce e miliardari brindano. A me non piace, e forse non sono il solo. Che ciascuno faccia la sua parte, contribuendo come può. Chi più può, secondo me deve contribuire di più. Mettiamoci la mascherina, restiamo a casa se possiamo, anche quando uscire non è vietato. Questo, mi sembra, è il momento della difficoltà, e quindi della solidarietà. Ma la politica trovi il coraggio di ricominciare a riequilibrare la ricchezza, perché questo è il patto sociale.

America e Italia, diseguaglianza e ricchezza

«Corriere della Sera», 25 giugno 2020.

Mi sono imbattuto in un dato statistico che mi ha fatto riflettere. Mi ero chiesto se siano più ricchi gli americani o gli italiani. Posta così la domanda è vaga, perché ovviamente ci sono italiani straricchi come Berlusconi e italiani poveracci e ci sono americani straricchi come Bill Gates e americani poveracci. Ma ci si può chiedere se mediamente siano più ricchi gli americani o gli italiani. La statistica esiste anche per rispondere a queste domande. Ho cercato i dati. Quello che ho trovato mi ha sorpreso.

Ci sono diversi modi per valutare la ricchezza «mediamente». Due fra i più comuni sono la media statistica e la mediana. La ricchezza media statistica degli americani è più alta di quella degli italiani: oltre una volta e mezzo quella italiana. Ma la ricchezza mediana degli americani è molto più bassa di quella degli italiani: la ricchezza mediana degli italiani è quasi una volta e mezzo quella americana. I dati sono del *Global Wealth Databook 2019* del Credit

Suisse. Gli americani sono più ricchi di noi in media statistica, ma più poveri di noi in mediana. Non si tratta di piccole fluttuazioni statistiche: si tratta di differenze pesanti. La risposta alla domanda se siano più ricchi gli americani o gli italiani è davvero: «dipende».

La prima considerazione che viene naturale fare è che la statistica è sottile e facilmente fuorviante. Chi volesse sostenere, magari per motivi politici, che l'America è un paradiso, e chi volesse sostenere, magari per opposti motivi politici, che l'America è un disastro, entrambi potrebbero brandire la statistica, tanto per argomentare che gli americani sono più ricchi di noi, quanto per argomentare che sono più poveri di noi.

Non sarebbe male se fossimo tutti un po' meno analfabeti sulla statistica: sarebbe molto bene insegnare un po' di statistica in più a scuola.

Ma veniamo ai dati. Da cosa dipende questa vistosa discrepanza?

La media statistica è la ricchezza divisa per il numero degli abitanti. È un'indicazione di «quanto sarebbe ricco un americano se la ricchezza fosse divisa in parti eguali». La mediana è la ricchezza dell'americano «medio» nel senso di quello che sta a metà fra i ricchi e i poveri: metà dei cittadini sono più ricchi di lui e metà più poveri di lui. Data la forma della distribuzione della ricchezza, la mediana corrisponde più o meno a una valutazione del tipo «prendiamo un americano a caso: quanto è ricco?».

È chiara allora la ragione della discrepanza fra i due dati, che a prima vista è così sorprendente: in America c'è molta più disparità economica che in Italia. La ricchezza è ancora più concentrata nelle mani di pochi di quanto già non lo sia in Italia.

In America, in altre parole, la ricchezza c'è, ma arriva alla maggioranza degli americani molto meno di quanto arrivi in Italia. C'è più ricchezza nell'insieme, ma l'italiano «medio» è più ricco dell'americano «medio». Ovvero, la maggioranza degli italiani è più ricca della maggioranza degli americani. E non di poco.

Questi dati d'altra parte confermano e spiegano l'esperienza episodica di qualunque italiano che viaggi abbastanza a lungo in America: il Paese nel suo insieme è ovviamente ricco e potente, ma quando si guarda la gente per strada, non c'è dubbio che sembrino in generale tutti più poveri degli italiani. Tanti quartieri americani, sia cittadini che rurali, sono decrepiti; tanta gente ha l'aria miserabile; fuori dalle sacche di splendore, è spesso tutto molto più spoglio e logoro che in Italia. Anche le case benestanti sembrano sempre un po' baracche rispetto a qualunque casa italiana.

Ho vissuto per dieci anni negli Stati Uniti, senza trovare una finestra che avesse una qualità paragonabile alle finestre di una qualunque casa italiana.

È un apparente paradosso che molti visitatori italiani notano in America. Ma non è un vero paradosso, è il fatto concreto che la ricchezza è concentrata nelle mani di pochi. Di certo le finestre dei ricconi sono bellissime. Non è che gli americani sembrino più poveri perché abbiano gusti diversi, si vestano male, o non badino alla casa: è proprio vero che in generale sono più poveri degli italiani.

Ci sono alcune facili considerazioni che seguono immediatamente. Immaginiamo di avere la scelta di poter essere trasportati in America, e arrivare nella stessa posizione relativa sulla scala economica che abbiamo in Italia: cioè nel 10% dei più poveri se siamo nel 10% dei più poveri, e così via. Ci converrebbe, economicamente? La risposta è chiara: per la maggioranza degli italiani, decisamente no.

Se il sistema politico, economico e sociale italiano si avvicinasse a quello americano, ci guadagnerebbero gli italiani? Risposta: i pochi ricchissimi sì, ma la maggioranza degli italiani ne avrebbe una perdita economica.

Questo risultato è indipendente dalle vistose differenze dei due sistemi sociali: per esempio il fatto che in Italia la sanità è pubblica, il costo dell'educazione è coperto in larga misura dallo Stato, esistono ammortizzatori sociali molto più efficaci eccetera, tutte cose che in America non ci sono.

Anche indipendentemente da queste differenze sociali profonde, per la maggioranza dei cittadini è economicamente più conveniente essere in un sistema politico-sociale come quello italiano che non in uno come quello americano. Con tutti i disastri italiani, viviamo in un Paese dove la maggior parte della popolazione è economicamente quasi una volta e mezzo più agiata che la maggioranza della popolazione del Paese più potente del mondo.

Qualche volta forse non sarebbe male ricordarlo.

La relatività generale, grande amore

«Corriere della Sera», 29 giugno 2021.

Le edizioni Adelphi pubblicano in questi giorni il mio libro dal titolo *Relatività generale*. Non è un libro divulgativo destinato al grande pubblico, è un libro di testo che nasce dalle mie note per il corso universitario di introduzione alla teoria, che ho insegnato per molti anni, prima negli Stati Uniti e poi in Francia. Il corso è evoluto nel tempo, cambiando ogni anno, man mano che imparavo meglio come insegnare, ma anche man mano che migliorava, lentamente, la mia comprensione della straordinaria teoria di Einstein.

Il libro è un manualetto introduttivo, sintetico, non vuole competere con gli ottimi poderosi libri di testo che coprono tutti gli aspetti della teoria. Cerca invece di presentarne in modo profondo ma semplice le basi concettuali, filosofiche, fisiche e matematiche, e riassumerne la struttura e i risultati più importanti: onde gravitazionali, espansione dell'universo, buchi neri... gli straordinari fenomeni previsti dalla teoria, la cui verifica in anni recenti ha fatto piovere premi Nobel sulla comunità di ricerca dei «relativisti». Sono grato a Adelphi per la decisione di uscire dal suo (pur vasto) territorio consueto, e pubblicare un libro di questo genere. La qualità e l'eleganza dei libri Adelphi è difficile da eguagliare, e vedere le mie lezioni in questa veste bellissima mi emoziona.

Per me la relatività generale è stata un grande amore. Uno di quei grandi amori che ci accompagnano sempre. Nel primo capitolo del mio libretto *Sette brevi lezioni di fisica* ho raccontato il momento in cui, studente universitario, ho cominciato a capirla, studiandola in Calabria sulla spiaggia di Condofuri, su un libro rosicchiato dai topi. A Condofuri sono rimasto legato da affetto e amicizia. Ma lo sforzo di «capirla» è stato un lungo percorso che non si è mai davvero concluso. Come capire un grande amore, d'altronde. Non perché io mi consideri particolarmente zuccone in queste cose. Ma perché la teoria è un salto avanti strepitoso nella nostra comprensione del mondo, di quelli che ci vuole tempo per digerire a fondo.

Einstein, dopo averne completato le equazioni nel 1917, è tornato molte volte sul significato della sua teoria, cambiando ripetutamente idea sul modo in cui intenderla. A mio giudizio, la versione migliore che ne dà è in uno scritto tardo, degli anni Cinquanta, in una appendice aggiunta al suo libro divulgativo. Ancora dopo la sua morte le discussioni sulla comprensione della teoria sono continuate. Se la teoria prevedesse veramente onde gravitazionali o no era questione ancora dibattuta nei convegni degli anni Sessanta, e la comprensione precisa di quella stupefacente previsione che sono i buchi neri è ancora più tarda.

Oggi non si discute più su cosa la teoria predica. Le ambiguità sono state risolte. Ma si discute ancora su come meglio pensarla. In sintesi, la relatività generale è la scoperta che due entità che credevamo essere diverse sono in realtà la stessa. Una è il campo gravitazionale, il fratellino del campo elettrico, che trasmette la forza di gravità come il campo elettrico trasmette la forza elettrica. L'altra è lo spazio in cui siamo immersi. Anzi, per essere più precisi, lo «spaziotempo», che è un po' la casa dentro cui vive la realtà.

Quando si scopre che due cose sono in realtà la stessa, se ne può eliminare una. Per esempio, se ci presentano un signore chiamato Antonio de Curtis, e poi scopriamo che si tratta di Totò, possiamo dire: «Ah! Ma allora Antonio de Curtis in realtà non è che Totò». Ma possiamo anche dire: «Ah! Ma allora Totò non è altri che Antonio de Curtis». Con la relatività generale è successo lo stesso. Molti, tra cui all'inizio anche Einstein, hanno esclamato: «Ah! Ma allora il campo gravitazionale in realtà è lo spaziotempo (che si incurva)». Qualcun altro però preferisce guardare la cosa dal punto di vista opposto: «Ah! Ma allora lo spaziotempo, la casa dentro cui succedono le cose, non è altro che il campo gravitazionale!». Tra questi c'è Einstein nelle sue riflessioni più mature. Secondo me questa seconda prospettiva, forse meno comune, è più lungimirante. Non perché i due punti di vista portino a predizioni diverse. In fondo si tratta solo di nomi. Che lo chiamiamo Antonio de Curtis o Totò, si tratta sempre di lui; che lo chiamiamo «spaziotempo» o «campo gravitazionale», è comunque la stessa entità, che segue le equazioni che conosciamo. Ma ai nomi sono associate immagini intuitive potenti, i nomi si legano naturalmente ad altre idee, e orientano il nostro pensiero in un modo o nell'altro.

Il grande fisico americano Richard Feynman ha scritto che un buon scienziato tiene in mente modi equivalenti per comprendere gli stessi fenomeni, perché uno fra gli altri si rivelerà poi più efficace. Il lavoro della mia vita è cercare di estendere la teoria di Einstein per includere anche gli aspetti quantistici della gravità. Per farlo, è necessario prendere la teoria dal verso giusto. Questo libretto cerca di presentare la teoria fedelmente, vista dal verso che credo sia il più efficace. L'ultimo capitolo del libro accenna a questi fenomeni quantistici gravitazionali, e ad alcune idee di base per cercare di comprenderli.

Spero che il libro aiuti gli studenti che si avventurano a studiare questa teoria strepitosa, dando loro uno strumento in più per allargare e approfondire il loro bagaglio concettuale. Forse incuriosirà anche qualcuno che studente non è, ma sente il fascino di quella che il fisico russo Lev Landau ha chiamato «la più bella delle teorie».

Entanglement

«La Lettura» del «Corriere della Sera», 16 ottobre 2022.

La settimana scorsa il Nobel per la fisica è stato assegnato per una serie di esperimenti su un peculiare fenomeno chiamato «correlazione quantistica», o *entanglement*. La ragione dell'importanza di questi esperimenti è sottile. Lo stesso comunicato scientifico dell'Accademia Reale delle Scienze svedese lo riconosce: in chiusura, osserva che per la maggior parte degli addetti ai lavori il risultato di questi esperimenti «non ha rappresentato alcuna sorpresa». Perché un premio Nobel è stato assegnato per esperimenti il cui risultato «non ha rappresentato alcuna sorpresa»? Vediamo di chiarire perché era atteso; e perché, ciononostante, si tratta di un risultato degno di essere premiato con il massimo riconoscimento scientifico sul pianeta.

Nel 1925, dopo un periodo di grande confusione generata da molteplici scoperte sulla struttura atomica della materia, un gruppo di giovani scienziati ha costruito una teoria matematica che metteva ordine: la meccanica quantistica. La nuova teoria non solo ha dato conto di tutte le scoperte di allora, ma ha anche predetto un gran numero di fenomeni nuovi, tutti poi puntualmente verificati. Questi, a loro volta, sono stati utilizzati per nuove tecnologie, che vanno dai laser all'energia atomica, dai computer alla risonanza magnetica nucleare usata negli ospedali. In breve tempo, la teoria della meccanica quantistica è diventata la nuova roccia su cui poggia l'intera fisica moderna, rimpiazzando la meccanica classica di Newton, incapace di descrivere i nuovi fenomeni.

La nuova teoria, tuttavia, ha un aspetto che la fa sembrare più debole della vecchia teoria di Newton: mentre la teoria di Newton in linea di principio permetteva di prevedere in maniera arbitrariamente precisa il comportamento dei sistemi fisici, la meccanica quantistica permette di calcolare soltanto la probabilità che succeda qualcosa o qualcos'altro. Per esempio se lancio un oggetto verso un muro, la meccanica di Newton permette di calcolare con arbitraria accuratezza l'altezza a cui arriva sul muro, a patto di conoscerne sufficientemente bene il moto iniziale. Non così la meccanica quantistica: per quanto bene si conosca il moto iniziale, la teoria non ci dice con precisione a che altezza del muro l'oggetto arriverà. Ci dice solo dove è più probabile e dove è meno probabile che arrivi. Questa incertezza nelle previsioni è intrinseca alla teoria, ineliminabile. Come fosse un prezzo da pagare, in cambio della grande efficacia della teoria nel descrivere e predire molteplici aspetti della natura.

Cosa pensare di questa incertezza? Molti scienziati l'hanno presa come una proprietà della natura, di cui ci siamo ora resi conto: nei fenomeni a piccola scala, la natura si comporta veramente in maniera casuale, il passato non determina univocamente il futuro.

Altri però hanno sospettato che questa incertezza potesse essere dello stesso genere dell'usuale incertezza che incontriamo ogni giorno quando non siamo in grado di prevedere bene il futuro: cioè fosse dovuta alla nostra ignoranza dei dettagli. L'oggetto lanciato verso il muro potrebbe avere delle proprietà che noi non vediamo direttamente, ma che determinano in maniera univoca a che altezza arriverà. Queste proprietà nascoste sono chiamate nel gergo «variabili nascoste». Qualcuno ha cercato di completare la meccanica quantistica provando ad aggiungere alle variabili fisiche che osserviamo (la posizione delle particelle, la frequenza della luce, l'energia...) altre «variabili nascoste» di questo tipo, capaci in linea di principio di eliminare l'arbitrarietà lasciata dalle previsioni della meccanica quantistica ortodossa.

È a questo punto che entra in gioco la correlazione quantistica. La meccanica quantistica prevede che due particelle possono essere «correlate», nel senso seguente: per ciascuna delle due particelle, la teoria non prevede dove la particella va a finire, ma prevede – per esempio – che se una delle due arriva un po' più in alto, così fa anche l'altra; e se invece arriva un po' più in basso, così fa anche l'altra. Queste «correlazioni» sono facilmente comprensibili se esistono variabili nascoste: ciascuna delle due particelle porta una variabile nascosta che determina dove arriverà, e la coppia è stata aggiustata in maniera tale che le due si comportino alla stessa maniera. Niente di strano.

Se invece non esistono variabili nascoste, il fatto che ciascuna delle due particelle si comporti in maniera genuinamente casuale, e ciononostante le due arrivino alla stessa altezza, lascia davvero molto perplessi: come fa una delle due a sapere cosa l'altra «sceglie di fare», e accordarsi? Si scambiano informazioni istantaneamente a distanza? Per questo motivo, diversi teorici hanno cominciato a pensare che le variabili nascoste dovessero esistere per forza. Fin qui però, la discussione era completamente teorica, direi quasi «filosofica».

Ma nel 1964 un fisico irlandese, John Bell, ha mostrato che se esistono variabili nascoste e se queste si comportano in maniera ragionevolmente «locale» – cioè non si scambiano istantaneamente informazione a distanza –, allora ci sono situazioni in cui le correlazioni fra le due particelle sono necessariamente diverse da quelle previste dalla meccanica quantistica. Questo bellissimo risultato teorico apre una domanda: chi ha ragione? La meccanica quantistica, oppure l'intuizione che l'incertezza non possa che essere determinata da variabili nascoste locali? Da una parte, le strane previsioni di una teoria che non ha avuto che successi, e che prevede che le cose succedono «a caso» e ciononostante le cose che succedono «a caso» in luoghi diversi sappiano una dell'altra. Dall'altra, le conseguenze di un'intuizione filosofica «ragionevole», su come debba funzionare la natura. Siccome le predizioni sono necessariamente diverse, come ha mostrato Bell, si poteva chiedere direttamente alla natura.

Il premio Nobel di quest'anno è stato dato a tre scienziati che hanno condotto esperimenti per vedere chi avesse ragione. Il risultato è stato, ripetutamente e inequivocabilmente, che ad avere ragione è la meccanica quantistica, e non l'ipotesi delle variabili nascoste locali. La natura è per davvero strana: eventi distanti fra loro sono misteriosamente legati.

Questa storia è un bellissimo capitolo dell'investigazione della struttura profonda del mondo naturale. Ma forse non sarebbe arrivata a guadagnarsi il Nobel se non fosse per una inaspettata svolta che ha avuto negli ultimi anni. Mentre infatti la motivazione del Nobel per i primi due vincitori, il francese Alain Aspect e l'americano John Clauser, non riguarda che la verifica delle predizioni della meccanica quantistica là dove violano le predizioni di Bell, la motivazione per il premio al terzo vincitore, l'austriaco Anton Zeilinger, mette in luce il fatto che lo studio sperimentale di queste correlazioni quantistiche, nonostante fosse motivato solo dalla curiosità di svelare i segreti della natura, ha aperto un nuovo campo di applicazioni tecnologiche: l'informazione quantistica.

L'informazione quantistica è un campo di applicazioni che si appoggia interamente sull'esistenza di queste strane e misteriose correlazioni, che non possono essere ottenute con variabili fisiche «normali». L'applicazione di questa tecnologia alla crittografia, cioè a tecniche di scambio di informazioni in maniera sicura, è già utilizzata, per esempio nel settore bancario. Un'applicazione che potrebbe avere conseguenze economiche di grande portata è la costruzione in corso di computer quantistici, per i quali enormi investimenti sono in corso nel mondo.

La ricerca fondamentale apre prospettive nuove sul mondo. Sono miopi i Paesi, come il nostro, che investono nuove risorse quasi solo nella ricerca che mira a ricadute applicative vicine. Il premio Nobel di quest'anno ne è una conferma.

Entusiasmi e dubbi per un muone

«Corriere della Sera», 15 aprile 2021.

C'è qualcosa di curioso nei grandi esperimenti e osservazioni degli ultimi decenni in fisica fondamentale: buchi neri, onde gravitazionali, particelle di Higgs, *entanglement* quantistico...

Hanno portato a premi Nobel, sono arrivati sulle prime pagine dei giornali, hanno reso orgogliosa e felice la comunità scientifica; ma non ci hanno insegnato nulla di veramente nuovo. Hanno confermato quello che aspettavamo. Tutti questi fenomeni erano nei libri di testo universitari sui quali ho studiato all'Università di Bologna, quasi mezzo secolo fa. La loro esistenza era predetta dalle nostre migliori teorie.

Non intendo diminuire l'importanza di questi risultati. Anzi. Sono stati osservati fenomeni stupefacenti, ed è ancor più sorprendente il fatto che fossero stati compresi prima ancora di vederli. Riuscire a osservarli è stata una celebrazione del potere di vedere lontano che ha il pensiero scientifico. Ma una voce maligna avrebbe potuto sussurrare a ogni passo: qual è la sorpresa? Ce lo aspettavamo.

La fisica sperimentale di base è stata a lungo, in questo senso, piuttosto conservatrice. Non ha fatto che confermare e riconfermare le strane predizioni delle migliori teorie del secolo scorso.

La scorsa settimana, il laboratorio Fermilab negli Stati Uniti ha annunciato una nuova misura del momento magnetico del muone, una delle particelle elementari, un fratello più pesante dell'elettrone. Questo risultato è di tipo diverso da quelli menzionati sopra. Il valore misurato sembra non essere d'accordo con il valore previsto dalla teoria. È, questa, un'osservazione che a differenza di quelle menzionate sopra, non conferma le nostre teorie consolidate. Sembra contraddirle.

I fisici sono assetati di risultati di questo tipo. Per imparare qualcosa di nuovo sulle leggi elementari della natura dobbiamo osservare fenomeni che sfuggono alle teorie consolidate: la meccanica quantistica, il modello standard della fisica delle particelle, e la relatività generale. Ci sono ragioni per aspettarsi che queste non siano la storia completa. Quindi i fisici teorici passano il loro tempo cercando di indovinare cosa possa succedere al di là di queste teorie, e gli sperimentali bramano di trovare qualcosa che *non* sia previsto da queste teorie. La natura è stata conservatrice, ma i fisici amano pensare sé stessi come radicali. Vogliono camminare nei panni di Rutherford e Wu, Einstein e Heisenberg, gli sperimentatori e i teorici che hanno svelato nuovi livelli di realtà.

Questo è il motivo per cui a ogni minimo accenno di inaspettato, i fisici saltano in piedi per l'eccitazione, sperando in un «eccolo!». Più e più volte, per tutta la vita, ho assistito a questa eccitazione per la novità. Nuove forze, nuove particelle, discrepanze tra dati e previsioni. Neutrini più veloci della luce. Anomalie nei dati delle macchine di fisica delle grandi particelle.

Finora, ogni ondata di entusiasmo si è trasformata in delusione.

A volte era solo un valore statistico anomalo: in molte variabili casuali, se ne trova sempre una di strana. A volte un errore sperimentale: anche una spina collegata male (il falso allarme dei neutrini più veloci della luce era solo questo). A volte un errore teorico.

Già anni fa, ci siamo emozionati perché il momento magnetico del muone non era quello previsto. Ma era un errore nel calcolo teorico: due termini sono stati calcolati con una diversa convenzione sui segni (più o meno): qualcosa a cui il professore universitario del primo anno ti dice di stare attento.

La storia della super-simmetria, una speculazione dei teorici, è particolarmente significativa: non ricordo un periodo senza che qualche collega parlasse di «indizi» che le nuove particelle super-simmetriche fossero state «quasi scoperte». Sono passati decenni, non lo sono ancora.

Più e più volte, insomma, ho sentito gridare «al lupo».

Il nuovo risultato del muone potrebbe essere il lupo? Forse sì, forse no. Io ho parecchi dubbi. Lo stesso giorno in cui la notizia della misurazione è stata accolta con entusiasmo, è apparso su «Nature», rivista scientifica di massimo livello, un articolo con i risultati di un calcolo teorico ottenuto utilizzando supercomputer, che indica che le precedenti stime teoriche valutavano male alcuni piccoli effetti. Tenendo conto di questi, il valore teorico è più vicino al valore misurato. La discrepanza diventa molto meno significativa.

In parole povere, questo potrebbe rivelarsi l'ennesimo caso di fisici che gridano «al lupo».

Potrebbe essere la ripetizione di quello che era già successo: il valore misurato potrebbe essere corretto, senza essere in contraddizione con la teoria corrente.

Chi ha ragione? Non sono in grado di dirlo. Né, credo, lo sia nessuno, oggi.

Capisco l'entusiasmo dei miei colleghi. Alcuni di loro hanno passato la vita a cercare il lupo. Se vedono un accenno di coda, sono felici. Condivido l'eccitazione. Penso anche che noi scienziati dobbiamo essere cauti. I giornalisti sono pronti a tradurre un «potrebbe» in un «può» e un «può» in un «è».

Spero di tutto cuore che questa volta la piccola coda intravista sia il vero lupo. Ma restiamo cauti. Al pubblico può piacere vederci affannare, seguire le nostre emozioni e le nostre delusioni, ma potrebbe anche stufarsi di annunci poi disattesi. Il rischio è perdere credibilità.

La vera sorpresa dalla lettura del libro della natura negli ultimi decenni è stata che la natura segue le teorie di base che abbiamo scoperto nel secolo scorso molto più precisamente di quanto pensassimo all'inizio. La relatività generale è stata a lungo vista con sospetto, le sue previsioni troppo stravaganti. Il modello standard delle particelle era inizialmente considerato un pessimo patchwork, violazioni delle sue previsioni erano attese a ogni singolo *run* degli esperimenti. La meccanica quantistica è così strana che molti consideravano non plausibili le sue previsioni.

È arrivato il momento di qualcosa di veramente nuovo? È arrivato il lupo? Può essere. Ma se da un lato non possiamo aspettarci che ciò che sappiamo sulla natura sia definitivo, dall'altro non dobbiamo nemmeno aspettarci che il nuovo sia dietro l'angolo.*

* A distanza di tre anni da questo articolo, questa cautela sembra essere stata molto ragionevole.

Il senso della scienza pura

«Corriere della Sera», 11 marzo 2022.

È nata in questi giorni la Fondazione Blaumann, per iniziativa di un lungimirante ingegnere bresciano, Giovanni Franceschini. La Fondazione ha l'obiettivo di sostenere la ricerca teorica fondamentale: ricerca che non mira direttamente ad applicazioni, a sviluppare quanto c'è già, o a nuove tecnologie sulla base di quanto sappiamo. Mira invece a capire più a fondo le cose. Chiederci «cosa c'è dietro» quello che vediamo: cercare la migliore struttura concettuale per comprendere la realtà. Prendo spunto da questa ottima iniziativa per alcune considerazioni sul valore della scienza pura e su come possa essere sostenuta, perché penso che questo valore lo stiamo perdendo di vista, anche nella logica degli investimenti in corso per la ricerca.

La nostra civiltà esiste grazie a un insieme di strumenti concettuali, sviluppati collettivamente. Questo insieme è la nostra cultura. La ricchezza della nostra civiltà non è nei beni materiali, è in questo patrimonio di saper pensare e saper fare. Alla fine della Seconda guerra mondiale l'Europa era in macerie e i beni materiali in gran parte distrutti. In un paio di decenni l'Europa è tornata fra i luoghi più ricchi del mondo, perché la sua cultura non era andata distrutta. La sua ricchezza era, ed è, nella capacità di pensare: nei suoi strumenti concettuali.

Il sapere scientifico di base è una componente essenziale di questo patrimonio: nel mondo contemporaneo ne è parte centrale. Tecnologia, medicina, impianti industriali, aviazione, chimica, sistemi complessi, gestione dell'informazione, e via e via, nulla di questo esisterebbe se non appoggiato sul pensiero scientifico di base. È un patrimonio collettivo, condiviso, che non è statico, non è una cassa del tesoro a cui attingere. È un processo di crescita in corso, il cui dipanarsi nutre la nostra civiltà come una radice profonda.

Dalle scuole dell'Atene classica come l'Accademia e il Liceo, dalle prime università europee fondate tra l'XI e il XIII secolo, come Bologna e Padova, fino ai più grandi centri di sapere del mondo moderno, la cultura, e in particolare la cultura scientifica, è legata all'istruzione. Il legame è strutturale: la cultura cresce trasmettendosi e si trasmette crescendo. La scienza pura è nata, esiste e cresce perché esistono le università. Esistono anche centri di ricerca, ma i migliori fra questi sono appendici di grandi università. Nel mio campo di ricerca, per esempio, il prestigioso Institute for Advanced Studies di Princeton è nel campus e di fatto completamente integrato alla più prestigiosa università americana.

L'Italia investe pochissimo nella ricerca fondamentale perché investe drammaticamente poco nell'università. Spende molto meno di tutti gli altri Paesi con lo stesso Pil per l'educazione avanzata. La singola Università di Harvard ha un bilancio paragonabile all'insieme delle università italiane.

Dei quarantadue Paesi analizzati nei dati Ocse, l'Italia è quasi ultima per percentuale di laureati, davanti solo a Paesi come Indonesia e Brasile. Il Paese in cui mi trovo, il Canada, ha più del 60% di laureati. Intorno a queste cifre ci sono i principali Paesi europei. E la Russia. La Corea arriva al 70%. Così la Cina. L'Italia è a meno del 30%.

Non stiamo educando gli italiani. Per portarsi al livello d'un Paese civile, l'Italia deve raddoppiare il numero dei professori universitari, di tutte le discipline. Fra questi professori, data la nostra grandissima tradizione scientifica, di sicuro ce ne saranno che faranno splendida scienza pura.

Negli ultimi anni gli investimenti nella ricerca si sono quasi interamente concentrati su finanziamenti a progetti, valutati da comitati di esperti. L'idea era concentrarli sul merito. Sono sempre più convinto che questo non abbia fatto bene alla scienza. Gli «esperti» sono – come tutti – convinti delle loro idee, e spartiscono i finanziamenti fra progetti che sviluppano le loro idee, non altre. Interi settori di ricerca sono paralizzati dal dominio di singole scuole, che si riproducono nonostante gli insuccessi. La ricerca buona non si fa passando la maggior parte del proprio tempo, come purtroppo oggi accade, a scrivere progetti cercando di indovinare cosa vorranno finanziare gli esperti dei comitati. Si fa chiudendosi nel proprio studio o laboratorio, discutendo di scienza con i colleghi, e pensando ai problemi, non a dove trovare i soldi per studenti, collaboratori o esperimenti.

Non c'è nulla di male nel legare investimenti di ricerca pubblici e privati alla cooperazione fra università e industria, ovviamente: la ricerca applicata ha un grande valore. Ma non ha nulla a che vedere con la ricerca pura. Gli attuali investimenti mirati alla collaborazione con le industrie sono l'analogo – per rubare un'efficace immagine dell'ingegner Franceschini – di quanto avrebbero fatto Newton e Maxwell se invece di aprire la strada al futuro si fossero dedicati a migliorare le carrozze a cavalli.

Se il governo intende investire nella ricerca pura, in modo che l'Italia si riporti fra i Paesi che fanno cultura ai massimi livelli, lo può fare, ma non confondendo il ritorno per l'industria con la scienza pura.

D'altra parte, la centralità dell'università per la crescita del sapere di base non significa che il mondo privato non possa e debba giocare un ruolo importante. Le grandi università anglosassoni sono cresciute e prosperano grazie a investimenti privati. Ma non sono investimenti in vista di un ritorno a breve o medio termine. Provengono da persone che credono in un progetto comune dell'umanità e vogliono contribuire.

In questi giorni lavoro in uno dei più importanti centri di fisica teorica del mondo, in Canada, nato da un finanziamento a fondo perduto di cento milioni di dollari, regalati da Mike Lazaridis, fondatore di Rim, azienda leader della rivoluzione degli smartphone, quella del BlackBerry. Questo mecenatismo è un aspetto essenziale del successo di quei Paesi.

Che sia lo Stato, come nei Paesi più socialisti, o la ricchezza privata, come in quelli più capitalisti, o che sia, come al tempo di Newton e di Aristotele, privilegio dell'aristocrazia, il sapere di base dell'umanità cresce quando chi ne ha la possibilità crede nel valore della conoscenza.

Penso che ci sia spazio anche nel nostro Paese per un mecenatismo illuminato per la scienza, e lo Stato dovrebbe facilitare questo processo fiscalmente e legalmente. La Fondazione Blaumann, con cui ho aperto queste considerazioni, ne è un esempio ottimo.

Io trovo molto bello che ci sia chi riconosce la responsabilità e il debito verso la società che derivano dal privilegio. E ancora di più che ci sia chi vede che le speranze per il nostro futuro non vengono da un po' di tecnologia o di Pil in più. Vengono da più conoscenza, più consapevolezza, più responsabilità individuale verso il bene comune del pianeta intero.

Guardare fuori dal nostro oblò: il telescopio James Webb

«Corriere della Sera», 13 luglio 2022.

Da ragazzo mi sdraiavo sull'erba a guardare il cielo stellato, nelle notti d'estate. Chi non l'ha fatto, lungo tutti i secoli dell'umanità? Guardare il cielo notturno è come guardare fuori dal nostro oblò, da dentro questa piccola navicella spaziale su cui viviamo, che trottola nell'universo: il nostro minuscolo pianeta accaldato.

Fuori dall'oblò, guardando verso l'alto, nel silenzio magico della notte, guardiamo il cielo nero costellato di innumerevoli e misteriosi punti di luce. Là fuori, l'immensità, gelida, sterminata, lontana, maestosa – una strana vertigine nel cuore. E uno strano desiderio di sapere cosa succede nel vasto universo. Di guardare più in là, di spingere lo sguardo ancora più lontano...

Abbiamo imparato pian piano a vedere più lontano. Abbiamo scoperto che i puntini nel cielo sono grandi stelle lontane, come il Sole, separate da noi da immensi e gelidi spazi interstellari. Abbiamo imparato che al di là dell'immenso ammasso di miliardi di stelle che forma la nostra galassia vi sono ancora più vasti spazi siderali, e milioni di miliardi di altre simili galassie. Ciascuna formata da miliardi di stelle. Abbiamo costruito strumenti sempre più complessi e precisi, ci hanno consentito di vedere fenomeni impensabili e spettacolari, rocambolesche tragedie celesti, stelle esplodere in cosmici fuochi d'artificio, nubi infuocate roteare a velocità pazze intorno a buchi neri colossali, stelle di neutroni mostruosamente compatte sprofondare le une nelle altre... e via e via. Ci siamo resi contro che l'intero universo che vediamo è emerso da una gigantesca esplosione cosmica quattordici miliardi di anni or sono, una grande esplosione di cui ancora non capiamo l'origine... A ogni sguardo via via più lontano, ogni volta ci siamo stupiti della sterminata vastità del reale.

Oggi, nelle immagini del telescopio spaziale James Webb, arriviamo a vedere così lontano che la luce, alla sua estrema velocità, ha impiegato quasi questi interi quattordici miliardi di anni per arrivare fino a noi. Vediamo immagini di galassie come erano quando l'universo era uscito da poco dalla sua esplosione iniziale. Galassie che probabilmente ora non esistono più da tempo. Il nostro sguardo sprofonda nel passato.

A ogni passaggio, a ogni nuova immagine, restiamo ancora senza fiato. È la stessa emozione della prima notte sdraiati sull'erba a guardare stelle, travolti dall'immensità sacra della realtà, a chiederci cosa siamo, così minuscoli in questa siderale immensità, a ripeterci quanto siamo sciocchi, qui, dentro la nostra fragile navicella spaziale, a passare il tempo a litigare fra noi, a preoccuparci solo di dominare gli uni sugli altri, per qualche lira in più...

Il dolore

Intervista pubblicata nel volume Sofferenza e religioni abramitiche, *Paolo Loffredo 2023.*

1. *C'è differenza tra l'uomo di fede e l'ateo nell'affrontare la sofferenza?*

Credo che non ci sia grande differenza, perché la varietà e la diversità delle persone è maggiore che non la varietà dei loro atteggiamenti riguardo alle religioni. Ho visto persone molto cristiane affrontare la sofferenza con grande serenità e altre che ne sono state distrutte e spaventate. Ho visto persone atee affrontarla con grande serenità e altre esserne distrutte e spaventate.

Mio padre alla fine della sua lunga vita non pensava che ci potesse essere qualcosa per lui dopo la morte, eppure si è avvicinato serenamente alla fine. La mattina del giorno in cui è morto ha detto alle due signore che lo accudivano, e a mio cugino che in quel momento era con lui, che pensava quello fosse il suo ultimo giorno. I presenti devono avere fatto un'espressione sgomenta, e lui sorridendo ha aggiunto: «Be', non ne faremo mica una tragedia!». È morto con un sorriso.

La Genesi usa un'espressione bellissima: «Morì vecchio e sazio di giorni». Penso che possa essere profondamente umano sentirsi così, e questo è indipendente dalle religioni che si praticano o non praticano. Ci sono religioni che hanno soffiato sul terrore della morte, per diversi motivi; a mio parere non hanno fatto bene.

2. Quando si è trovato di fronte a una sofferenza personale, come ha reagito?

Come tutti. Con dolore, disperazione, senso di smarrimento. Anche con il desiderio di morire. Ora sono contento di non essermi lasciato prendere da quel desiderio. La vita ci porta sia felicità che sofferenza. Penso che sia responsabilità di ciascuno di noi cercare di diminuire il più possibile la sofferenza degli altri. Purtroppo, troppo spesso non lo facciamo, e non saprei dire fra gli atei o i praticanti di questa o quella religione chi sia a comportarsi meglio o peggio, nei fatti. La storia ha visto di tutto.

3. Secondo lei, la fede in Dio aiuta ad accettare le avversità? O anche chi non crede può trovare un senso nella sofferenza?

Penso che ci siano modi diversi di accettare le avversità. Molti musulmani si rimettono all'infinita onnipotenza di Dio, molti cristiani si affidano al suo amore, per molti buddisti la religione stessa inizia come un cammino per liberarsi dalla sofferenza. La prima delle quattro verità su cui si appoggia l'insegnamento di Buddha è che la vita è sofferenza; le altre indicano la strada per liberarsene. Chi non pratica alcuna religione, come me, in fondo ha strade simili: per esempio accettarne serenamente l'inevitabilità.

Per tutti, comunque, la sofferenza, sia fisica che morale, è difficilissima. Un modo di affrontarla, come lei suggerisce, è trovarne un senso, pensare che sia utile: è più facile affrontare un dolore sapendo che ci aiuta a raggiungere una meta a cui aspiriamo, salvare una vita, scalare una montagna, liberare un popolo oppresso... Queste cose danno senso alla sofferenza. Lo facciamo tutti, religiosi o no. Io vedo anche un rischio, d'atra parte, nel voler aggiungere comunque un senso alla sofferenza: il rischio di non darsi da fare con responsabilità per diminuirla. In questo, a me sembra che in passato il Cristianesimo abbia fatto alcune scelte dubbie, spingendo le persone ad accettare di soffrire invece di spingerle a cercare di diminuire le sofferenze. Ma forse è in atto un cambiamento in questo.

4. *Essere credenti è una «via di comodo» per affrontare il pensiero della morte e della sofferenza in generale?*

Non mi permetto di giudicare le scelte degli altri, specialmente quelle intime e specialmente quelle che hanno a che vedere con la sofferenza. Per me, personalmente, quello che propone la religione cristiana non mi aiuta ad affrontare il pensiero della morte e della sofferenza in generale: mi suona in parte poco attraente e in parte falso. La vita eterna non mi attrae. La vita ha valore così com'è, breve, o lunga, piena di intensità, talvolta di dolore, ma anche scintillante di luce, di emozioni, di amore. Capisco la consolazione di sentire l'amore di Dio, capisco l'abbandono a Dio. Ma a me questa consolazione suona come un percorso interiore incompleto e un po' bambino: perché proiettare fuori da noi quello che io credo sia solo un nostro intimo percorso interiore? La straordinaria ricchezza e complessità della nostra vita interiore, generata da cento miliardi di neuroni del nostro cervello, è uno spazio immenso, a me sembra che non abbia bisogno di dèi esterni.

5. La mancanza di Dio rende più difficile trovare un senso alla sofferenza e all'intera vita?

Tutt'altro. Penso che sia stato un errore proiettare la sorgente del senso in qualcosa fuori di noi, in qualcosa di trascendente. La crisi spirituale di una parte dell'Occidente che è seguita al momento in cui la crescita spirituale e intellettuale della civiltà ci ha mostrato l'illusorietà di questo fondamento esterno è stata solo una crisi di passaggio. Il senso viene da dentro di noi, non da fuori. È la nostra stessa natura a generare senso: continuamente, direi violentemente, in molti modi: abbiamo fame e sete, amiamo e siamo ambiziosi, gelosi, generosi, fieri, spaventati... Vogliamo questo e quello, fuggiamo da questo e quello, abbiamo ideali di giustizia, di fratellanza, abbiamo rabbie e slanci di amore. Tutto questo è una continua spontanea generazione di senso. Lo facciamo per la nostra biologia, la nostra cultura, per quello che siamo noi stessi, non per motivi esterni a noi.

Di tutto questo la sofferenza è proprio l'esempio più lampante: la sofferenza non è qualcosa a cui per motivi trascendenti assegniamo un valore negativo. È di per sé un valore negativo: qualcosa da evitare, da cercare di limitare, per noi e gli altri. Non per motivi esterni, ma per quello che è. La sofferenza è la nostra radice diretta nell'immanenza. La connessione primaria fra la natura e la nostra esperienza soggettiva. È anche la spinta primaria a considerarci liberi di agire per limitarla: per noi e per gli altri. Penso che gli uomini di buona volontà, qualunque sia la loro visione del mondo, dovrebbero allearsi per alleviare le sofferenze umane. E penso che non lo facciamo abbastanza. Sta a noi, non a Dio.

6. *Perché esiste la sofferenza?*

Penso che sia una domanda centrale se vogliamo capire cosa sia la coscienza, nel senso della prospettiva soggettiva che abbiamo. La vita è un prodotto dell'evoluzione naturale, ed è relativamente facile capirne molti aspetti in termini della loro efficacia nel mantenimento della vita stessa. La vita c'è proprio perché ci sono questi aspetti. Ma a cosa serve soffrire? Non poteva la natura farmi evolvere esattamente nella stessa maniera, con la stessa reazione comportamentale che mi porta a evitare ferite e situazioni negative, ma senza farmi soffrire? In fondo questa è un'altra versione della domanda «Ma non poteva Dio evitare di farci soffrire?», con la differenza che la natura non ha alcun motivo per essere particolarmente gentile con noi. Ma non ha neanche particolare motivo per essere cattiva.

Penso che la risposta sia sottile: la sofferenza non è un «di più» rispetto al nostro comportamento. È il nome che diamo alla reazione naturale che porta a evitare qualcosa. Al segnale che arriva alla parte del cervello che ha una rappresentazione di noi stessi. La coscienza nasce proprio da questo. In questo senso, io credo che la sofferenza sia una chiave centrale per capire l'individualità dell'esperienza. Noi siamo forse profondamente figli del dolore, prima ancora della gioia. Per lo stesso motivo la sofferenza è legata anche alla nostra sensazione di essere liberi di scegliere. La parte del nostro cervello che percepisce e valuta il segnale che chiamiamo sofferenza è la parte la cui attività determina il comportamento che chiamiamo la nostra libertà. Da questo punto di vista, è come se la sofferenza fosse il prezzo della nostra libertà. A proposito, anche gli altri animali, oltre a noi, evidentemente soffrono, e questo mostra bene che anch'essi sono liberi. Il problema della sofferenza non è un problema specifico degli esseri umani.

7. *Ragione e fede: per il Cristianesimo rappresentano due strumenti diversi per comprendere e affrontare la realtà. Esiste una potenziale congiunzione tra la scienza e la visione del mondo del Cristianesimo?*

L'idea di caratterizzare la religione come «fede» è specifica di alcune religioni, tra cui il Cristianesimo, non di tutte. Ci sono religioni che non temono in alcun modo quello che impariamo con le scienze, con le quali non si sono mai poste in conflitto. Se una religione centra il proprio discorso sulla «fede», cioè sul prendere per buone alcune verità senza permetterci di metterle in dubbio, ovviamente poi questa religione si trova in difficoltà di fronte a una pratica come il pensiero scientifico che invece fa del dubbio e del ripensamento il proprio strumento fondamentale. Ci sono religioni che non hanno di questi problemi.

Esistono innumerevoli anelli di congiunzione fra le scienze e le religioni. Scienze e religioni sono parte di un dialogo continuo fra gli esseri umani: il dialogo, l'interscambio continuo che costruisce la nostra cultura, il modo in cui vediamo il mondo, e continua a farlo evolvere. Da un lato, questo stesso dialogo è un aspetto della natura, e quindi un argomento di curiosità per le scienze, dall'altro, tanto le scienze che le religioni sono attività umane, e quindi radicate nell'atteggiamento intimo e profondo degli esseri umani, che è esattamente il terreno di cui si occupano le religioni. A me piacerebbe che invece di arroccarsi dentro verità indiscutibili a cui si ha paura di rinunciare, si accettasse di più la complessità delle prospettive. Alcune religioni monoteistiche sono troppo insofferenti all'esistenza di altri punti di vista. Li sentono come aggressione. Per me è stato curioso come diversi cristiani (non certo tutti) abbiano reagito ai miei libri quando accenno al mio ateismo: si sentono offesi. Io non credo proprio che ci sia un Dio persona, a me sembra un'idea ingenua, ma se esiste un Dio non lo immagino un dio geloso. Piuttosto, come amava dire Gandhi, immagino che Dio non abbia una religione.

8. Come è da interpretare la frase di Einstein, «Dio non gioca a dadi con l'universo»? Nel senso dell'esistenza di una presenza metafisica che regola il mondo, oppure di un universo regolato da leggi ben precise?

Si tratta solo di una frase in una discussione tecnica sulla formulazione della meccanica quantistica. Einstein amava le frasi argute, e da bravo ebreo usava spesso «Dio» nelle sue scherzose metafore, nonostante il suo esplicito e chiaramente dichiarato ateismo. In questo caso, tuttavia, la frase ha un'interpretazione molto precisa. Einstein amava Spinoza, e usava spesso il linguaggio di Spinoza. Spinoza nega l'esistenza di un Dio persona. Nella sua *Etica*, che a mio parere è un libro straordinario, di grandissima intelligenza e profondità, Spinoza usa l'espressione «Dio» come sinonimo di «natura», per indicare l'insieme di tutto ciò che c'è. Einstein in questa frase voleva dire che non si aspettava che in natura avvengano eventi casuali: si aspettava che le leggi fisiche siano deterministiche.

9. *La fisica quantistica, rispetto alla fisica classica, ha messo in discussione l'idea di un universo regolato da leggi deterministiche. Questo potrebbe accorciare le distanze tra una visione «spiritualistica» del mondo e una visione «materialistica»?*

Secondo me un pochino forse sì. Ma è una questione delicata in cui è molto facile dire sciocchezze. Purtroppo c'è una brutta tendenza a chiamare «quantistica» qualunque idea balzana.

Io non penso che ci sia alcun ruolo specifico della fisica quantistica nel funzionamento del nostro cervello e della nostra mente. C'è stato qualche tentativo di esplorare questa possibilità ma per ora non ha dato risultati significativi e questa direzione di ricerca non mi sembra convincente. Connettere direttamente spiritualità e fisica quantistica, come talvolta si legge, mi sembra una sciocchezza: la complessità della nostra vita interiore è dovuta alla complessità del cervello, non a magie quantistiche.

Però, a me sembra che ci sia un modo indiretto in cui la scoperta dei fenomeni quantistici ci insegna qualcosa di rilevante in questo senso. Ne parlo nella parte finale del mio ultimo libro (*Helgoland*). La realtà non è ben descritta dal materialismo ingenuo del Settecento: uno spazio vuoto in cui si muovono sassolini spinti dalle forze di Newton. La realtà fisica è più sottile e complessa di così. La capiamo meglio come una rete di relazioni e di correlazioni che non come un insieme di sassetti che rimbalzano. Questo significa che la distanza fra i fenomeni mentali e il mondo descritto dalla fisica elementare è forse molto minore di quanto implicasse quella forma di materialismo.

Credo che questo fatto renda molto più plausibile l'idea che i fenomeni mentali, e quindi tutto ciò che la nostra esperienza descrive come «spiritualità», siano ben radicati nella fisica e non ci sia vera contraddizione, in fondo, fra i due linguaggi.

Sentinella, a che punto è la notte?

Intervista di Frida Nacinovich per «Sinistra sindacale», n. 14, 20 luglio 2023.

Professor Rovelli, ricordando il titolo di un romanzo di Fruttero e Lucentini, «a che punto è la notte» della guerra in Ucraina?

«Sentinella, a che punto è la notte?», *Shomèr, ma mi-llailah?* è un verso del profeta Isaia, nel capitolo dove Isaia scrive: «... il saccheggiatore che saccheggia, il distruttore che distrugge [...] sono troppo sconvolto per udire, troppo sbigottito per vedere. Smarrito è il mio cuore, la costernazione mi invade; il crepuscolo tanto desiderato diventa il mio terrore».

Questa è adesso la terra ucraina.

In Shakespeare, Macbeth lo chiede angosciato più volte, «A che punto è la notte?», ossessionato dal suo crimine, mentre Lady Macbeth cammina sonnambula, cercando di lavarsi il sangue dalle mani. Così noi tutti abbiamo il sangue sulle mani per le migliaia di ragazzi ucraini e russi che stiamo massacrando per i nostri giochi di potere.

In una recente intervista ha fotografato così la situazione: «Ci sono due maschioni tatuati di periferia che si picchiano di santa ragione e sono disposti a tutto pur di non cedere, e per punire l'altro. In mezzo, un popolo devastato e infinito dolore». Come uscire da questo vicolo cieco?

Uscire sarebbe facilissimo, se lo volessimo. Basterebbe mettere la ragionevolezza davanti alla sete di dominio, chiedere immediatamente un cessate il fuoco e poi iniziare a negoziare. Cesserebbero massacri e devastazione.

In linea di principio basterebbe smettere di sparare e lasciare che le Nazioni Unite organizzassero referendum imparziali in ciascuna delle diverse aree contese, dove potesse votare chiunque vi era residente prima dell'inizio delle ostilità. Gli abitanti potrebbero scegliere liberamente e democraticamente con chi stare. Chi ha paura di un referendum, d'altra parte promesso da Zelensky in campagna elettorale e mai realizzato, ha la coda di paglia e vende fumo, evidentemente.

Il cessate il fuoco lo chiedono a gran forza tantissimi governi del mondo, lo ha chiesto l'Assemblea Generale delle Nazione Unite, lo chiede il Papa, lo chiedono tutte le persone civili, che non mettono interessi economici o calcoli geopolitici davanti al dolore.

Per le guerre più lontane da noi, come la guerra in Sudan, noi ci diciamo: «Che stupidi e incivili che sono: invece di negoziare e trovare un compromesso, si massacrano».

È esattamente quello che stiamo facendo noi: «Che stupidi: invece di negoziare e trovare un compromesso, ci massacriamo».

Quello che è in gioco non è se un confine sia trenta chilometri più a destra o più a sinistra, che in fondo è irrilevante; quello che è in gioco è mostrare chi sia il padrone del mondo. L'Occidente vuole mostrare di essere ancora il padrone del mondo, dopo le batoste prese in Iraq e Afghanistan. Lo fa usando i ragazzi ucraini come carne da macello. La Russia vuole mostrare di non essere totalmente sottomessa all'Occidente. Lo fa usando i suoi giovani come carne da macello.

Il resto del mondo non ha alcuna simpatia per l'invasione russa, ma ancora meno per le pretese di dominio dell'Occidente, e quindi aiuta la Russia. È di ieri la notizia che il presidente del democratico Brasile ha invitato Putin a partecipare al prossimo G20. Un altro schiaffo all'Occidente.

Si continua a parlare unicamente di invii di armi, sempre più letali, all'Ucraina.

Le armi che invia l'Italia non contano nulla, sono irrilevanti rispetto alla quantità di armi che inviano gli Stati Uniti. Servono a ribadire la sudditanza dell'Italia all'impero americano. Gli americani ne hanno bisogno per fare apparire di non essere solo loro. Hanno bisogno che anche altri si sporchino le mani di sangue. L'Occidente ora invia bombe a grappolo, vietate da trattati internazionali, perché, dicono gli americani, sta finendo le munizioni. Questo significa che una quantità di fuoco occidentale spaventosa si è già riversata su quella terra sofferente: il fuoco degli interi depositi di munizioni della Nato. La propaganda che vediamo ogni giorno sui media occidentali ci mostra morti e distruzioni causate solo dal fuoco russo. Quelle causate dalle armi Nato sono altrettante, se non di più. Devastano l'Ucraina, uccidono esseri umani e creano dolore altrettanto quanto il fuoco russo.

Certo, ci sono iniziative per il cessate il fuoco e per restituire la parola alla democrazia, ricordiamo l'impegno del cardinale Zuppi per incarico di Papa Francesco, dei Paesi africani, dell'America Latina, della Cina. Ma il risultato finora è lo stallo, a causa dei veti posti dai belligeranti e dai loro sostenitori.

In Ucraina non c'è più democrazia. Non c'è più spazio per partiti di opposizione, per esprimere dissenso. Quando si è in guerra, chiunque provi a esprimere dissenso, a provare a dire «ragioniamo», è denunciato come traditore che sostiene il nemico. Succede perfino qui da noi, a migliaia di chilometri dal fronte. Là è ovviamente più brutale. Zelensky sta massacrando il suo popolo. Quello che sta facendo è come se nel dopoguerra un premier italiano avesse gettato i ragazzi italiani in una carneficina feroce per riconquistare l'Istria, o se l'Austria si fosse accanita in una guerra all'ultimo sangue per riconquistare l'Alto Adige.

Anzi, neppure così, dato che l'Istria è più culturalmente italiana e l'Alto Adige più culturalmente austriaco di quanto il Donbass sia culturalmente ucraino, anche ammesso che queste sciocche distinzioni abbiano un senso.

Lo stallo viene dagli Stati Uniti, che da questa guerra hanno tutto da guadagnare: dissanguano la Russia, l'eterno nemico, l'altra grande potenza nucleare, demoliscono la Germania e l'intera Europa, che vista dagli americani stava cercando un po' troppo di fare di testa propria, riportandola totalmente sotto il controllo americano.

I giornali americani stanno apertamente celebrando il successo della Nato in questa guerra, che riporta l'Europa sotto di loro.

Il sogno europeo di un mondo governato dalla collaborazione e dagli accordi si è infranto, e stiamo tornando al dominio degli eserciti: cioè all'unico terreno dove gli americani sono potenza indiscussa.

L'avventurismo russo è stato criminale a scatenare questo inferno. D'altra parte, come reagirebbe il governo americano se la Cina mettesse armi nucleari a Cuba, come l'America ha messo armi nucleari sotto i confini russi? In realtà sappiamo, perché è già successo: ha tentato di invadere Cuba.

A causa della guerra vengono messi in secondo piano obiettivi sacrosanti come la lotta agli stravolgimenti climatici, le risorse a disposizione vengono dirottate verso le spese militari sacrificando quelle per il welfare. L'Unione Europea ne sta uscendo a pezzi, eppure nelle stanze dei bottoni non c'è alcun ripensamento. Avanti fino alla vittoria, con l'annientamento del nemico. Ma così la pace si allontana sempre più, non le pare?

La pace non è mai stata un obiettivo degli americani. Non ne parlano mai. Parlano del «US-led world order», cioè del loro diritto, che considerano sacrosanto, a guidare il mondo. Gli Stati Uniti hanno voluto essere praticamente ininterrottamente in guerra dopo la Seconda guerra mondiale. Senza che nessuno abbia attaccato il loro territorio. L'economia americana ha prosperato con la guerra, eccetto nei momenti peggiori come il Vietnam. Per gli Stati Uniti, questa guerra è un tentativo di fare dell'Ucraina il Vietnam della Russia. Per questo parlano di una guerra che durerà a lungo. Ne hanno bisogno.

A me sembra che l'Occidente sia a un bivio storico. Da una parte, accettare che il mondo è cambiato in profondità e imparare a convivere con il resto del pianeta in termini meno sbilanciati. Accettare la diversità dei sistemi politici e ideologici, collaborare sui grandi problemi comuni dell'umanità, ridurre le tensioni, ridurre globalmente le spese militari. Liberare risorse per il benessere di tutti. Andare nella direzione che ci chiedono tutti i popoli della terra: vivere in pace, rispettandoci nelle nostre differenze.

Dall'altra, ostinarsi a difendere il «US-led world order» cioè l'ordine del mondo sotto gli Stati Uniti. Per farlo servono le guerre. Questa strada ci porterà a cercare pretesti per uno scontro armato non tanto con la Russia, quanto con la Cina, che è il vero potere economico alternativo. La Cina non ha possibilità né interesse a dominare il mondo. Ma risente il dominio americano.

Fino a che continuiamo a pensare in termini di chi è il padrone, invece che come convivere, continuiamo a generare orrori.

Quello che il mondo sta chiedendo all'Occidente è solo un po' più di democrazia e di giustizia. L'Occidente, come fa da tre secoli, risponde con le cannonate, mettendo basi militari e missili atomici sotto il naso di chiunque non si sottometta.

Anche lei è stato messo in croce per aver espresso legittimi ed elementari dubbi su quello che da un anno e mezzo sta accadendo sotto i nostri occhi. Non le sembra che la democrazia ne risulti imbavagliata?

No. Io non conto nulla. Nei nostri sistemi politici ognuno può dire quello che vuole. Nessuno mi ha mai impedito di parlare e di scrivere. Il fatto che in tanti abbiano reagito con insulti contro di me non ha alcuna rilevanza. Se insultano o fanno facce buffe quando parlo è perché non hanno argomenti migliori.

Va benissimo che ci sia chi non è d'accordo con me. Se hanno argomenti convincenti, li ascolto. Non sono certo sicuro di avere la verità in tasca. Provo a capire, ad ascoltare tutti nel mondo, a cercare di guardare oltre l'ipocrisia con cui si nasconde la piccolezza dei calcoli economici e di potere dietro la retorica.

La verità alla fine mi sembra che a tanti non importi nulla che si massacrino i ragazzi russi e ucraini e si devasti quella terra sofferente. Il calcolo della gente è che l'impero americano non ci ha trattato troppo male, ci ha riempito la pancia, siamo fra i privilegiati, e quindi se ci chiedono un po' di complicità per i loro massacri, di sporcarci un po' di sangue anche noi, perché no? In fondo i ragazzi italiani non stanno mica (ancora) morendo in guerra.

L'intera élite italiana, l'intera stampa e la quasi totalità dei media sono allineati su questa scelta. Io credo che il calcolo sia miope. La storia si sta muovendo in fretta. Possiamo, motivati dalla nostra meschinità, contribuire ad andare verso la guerra che si prepara (l'Italia manderà una portaerei nel mare della Cina?) oppure possiamo cercare di contribuire a un mondo di giustizia, collaborazione e pace.

Il futuro non dipende solo da noi. Ma dipende anche da noi.

Zhuangzi, la conoscenza dei pesci, ripresa

«La Lettura» del «Corriere della Sera», 24 ottobre 2021.

Ricordate Zhuangzi, e i suoi pesci felici, con cui si è aperta questa collezione di articoletti? C'è un altro terreno, oltre a quello della coscienza soggettiva, dove la questione posta da Zhuangzi è riapparsa recentemente: il problema di capire i fenomeni quantistici, messi in luce dagli esperimenti sulla materia dell'ultimo secolo. È la questione che ho affrontato nel mio libro *Helgoland*.

La teoria che descrive questi fenomeni, la meccanica quantistica, lo fa riferendosi esplicitamente a come questi appaiono a un osservatore. La teoria sembra parlare della conoscenza che un osservatore può avere di questi fatti, invece che dei fatti in sé.

Il padre spirituale della teoria, il danese Niels Bohr, ha formulato la questione così: «La fisica non riguarda il mondo, riguarda ciò che possiamo dire sul mondo».

Non so se Bohr conoscesse Zhuangzi ma sono certo che se lo avesse conosciuto lo avrebbe adorato. Lo stesso spirito sornione pervade il vecchio filosofo cinese e il grande fisico del Novecento («La caratteristica di una profonda verità» ha scritto Bohr «è il fatto che la sua negazione è pure una profonda verità»).

C'è implicita in Zhuangzi una risposta cruciale all'apparentemente sconsolata osservazione di Bohr che la fisica non riguarda il mondo, riguarda ciò che possiamo dire sul mondo. La risposta è nella domanda: «Dove sta la differenza?». Ciò che possiamo dire del mondo non è forse uno degli aspetti del mondo stesso?

Se sostituiamo i pesci con un atomo quantistico, e Zhuangzi con l'osservatore di cui parla la teoria quantistica, il gustoso dialogo dell'antico libro va al cuore della questione quantistica: l'osservatore stesso è un sistema osservato, rispetto a un altro sistema. Come tale, non è sostanzialmente diverso dai sistemi che osserva.

In una piccola gemma di libro pubblicato nel 1923 e intitolato *Ich und Du* (io lo tradurrei, anche se sembra sgrammaticato, «Io e tu»), il filosofo ebreo austriaco Martin Buber osserva che ci sono due attitudini con cui ci possiamo mettere in relazione al mondo. Una è quella che Buber chiama «Io» verso un «Esso», dove «Esso» è qualunque oggetto, idea o persona di cui possiamo parlare. La seconda attitudine è quella che chiama «Io» verso un «Tu», caratterizzata dall'enfasi sulla relazione stessa e dal riconoscimento della eguale e complementare natura dei due termini.

Soggetto e oggetto del conoscere sono esattamente sullo stesso piano, e insieme fra loro e con tanti altri sono la realtà.

Gli interessi e il linguaggio di Buber sono teologici, etici e politici. Ma il cuore dell'idea mi sembra essenziale per una filosofia della scienza pienamente naturalista: il soggetto della conoscenza non è altro dal mondo, è parte del mondo. Studiamo il mondo dall'interno del mondo, consapevoli di esserne parte. Il mondo per noi è quindi incontro, relazione.

Delle cose della natura siamo fratelli, non giudici. La conoscenza non vive disincarnata fuori dal mondo: è una delle configurazioni del mondo stesso. Siamo parte di una grande rete. Siamo a casa nella natura. In una fratellanza stretta non solo fra noi, ma con tutte le cose.

«Quando hai detto "come fai a sapere come sta un pesce?", sapevi che lo sapevo. Lo sapevo, qui, sopra il fiume Hao.» La conoscenza, come la nostra anima, non abita in un empireo; abita qui, sopra il fiume Hao.

Opere citate

Dante Alighieri, *La Commedia secondo l'antica vulgata*, G. Petrocchi (a cura di), edizione nazionale a cura della Società Dantesca Italiana, Mondadori, Milano 1966-1967.

Graham Allison, *Destinati alla guerra: possono l'America e la Cina sfuggire alla trappola di Tucidide?*, Fazi, Roma 2018.

Anish Kapoor. Gallerie dell'Accademia di Venezia & Palazzo Manfrin, Marsilio, Venezia 2022.

Tommaso d'Aquino, *Somma di teologia*, 5 voll., Città Nuova, Roma 2018-2019.

Aristotele, *Il movimento degli animali*, Mimesis, Udine 2014.

—, *Opere 5. Parti degli animali, Riproduzione degli animali*, Laterza, Roma-Bari 2005.

—, *Vita, attività e carattere degli animali*, Duepunti, Palermo 2008.

Martin Buber, *L'io e il tu*, IRSeF, Pavia 1991.

Anne Carson, *Eros il dolceamaro*, Utopia, Milano 2021.

Rosanna Cerbo, Antonio Angelucci, Gabriella Liberati, Mario Balzano (a cura di), *Sofferenza e religioni abramitiche*, Paolo Loffredo, Napoli 2023.

Galileo Galilei, *Dialogo sopra i due massimi sistemi del mondo*, Einaudi, Torino 2002.

Daniele Ganser, *Le guerre illegali della Nato*, Fazi, Roma 2022.

Aldo Giorgio Gargani, *Ernst Mach e la cultura austriaca*, «Nuova civiltà delle macchine», 1990, n. 1.

Martin Heidegger, *Essere e tempo*, Longanesi, Milano 1997.

—, *Quaderni neri*, 4 voll., Bompiani, Milano 2015-2023.

Adolf Hitler, *Mein Kampf*, «Il Giornale», Milano 2016.

Johannes Kepler, *Il sogno di Keplero*, Sironi, Milano 2009.

Brunetto Latini, *Li livres dou tresor*, Slatkine, Genève 1998.

Vladimir I. Lenin, *Materialismo ed empiriocriticismo*, Editori Riuniti, Roma 1973.

Armand Marie Leroi, *The Lagoon. How Aristotle Invented Science*, Penguin, New York 2015.

Ernst Mach, *La meccanica nel suo sviluppo storico-critico*, Bollati Boringhieri, Torino 1992.

—, *Perché l'uomo ha due occhi?*, Edizioni Lit, Roma 2017.

Elsa Morante, *La Storia*, Einaudi, Torino 1974.

Robert Musil, *L'uomo senza qualità*, Einaudi, Torino 1957.

—, *I turbamenti del giovane Törless*, Einaudi, Torino 1967.

Thomas Nagel, *Cosa si prova ad essere un pipistrello?*, Castelvecchi, Roma 2020.

Jean-Luc Nancy, *Corpus*, Cronopio, Napoli 1995.

—, *Que faire?*, Éditions Galilée, Paris 2016.

Salvatore Quasimodo, *Tutte le poesie*, Oscar Mondadori, Milano 2008.

Carlo Rovelli, *Helgoland*, Adelphi, Milano 2020.

—, *Meaning and Intentionality = Information + Evolution*,

in A. Aguirre, B. Foster, Z. Merali (eds), *Wandering Towards a Goal*, Springer, Cham 2018.
—, *L'ordine del tempo*, Adelphi, Milano 2017.
—, *Quantum Gravity*, Cambridge University Press, Cambridge 2004.
—, *Relatività generale*, Adelphi, Milano 2021.
—, *Sette brevi lezioni di fisica*, Adelphi, Milano 2014.
Kevin Rudd, *Usa-Cina. Una guerra che dobbiamo evitare*, Rizzoli, Milano 2023.
Baruch Spinoza, *Etica e Trattato Teologico-Politico*, UTET, Milano 2017.
Gino Strada, *Una persona alla volta*, Feltrinelli, Milano 2022.
Zhao Tingyang, *All under Heaven: The Tianxia System for a Possible World Order*, University of California Press, Oakland 2021.
Zhuang-zi [Chuang-tzu], Adelphi, Milano 2020.

GRAFICA VENETA
GV CARBON NEUTRAL

Questo libro è stampato fabbricato da Grafica Veneta S.p.A.
con un processo di stampa e rilegatura certificato 100% carbon neutral
in accordo con PAS 2060 BSI

Finito di stampare nel mese di ottobre 2023
per conto di RCS MediaGroup S.p.A.
da Grafica Veneta S.p.A., Via Malcanton 2,
Trebaseleghe (PD)
Printed in Italy